“十四五”普通高等教育本科系列教材

工程测量实验与教学教程

韩群柱　马　斌　编著
余梁蜀　主审

中国电力出版社
CHINA ELECTRIC POWER PRESS

内 容 提 要

本书为“十四五”普通高等教育本科系列教材，共分为三个部分：第一部分是工程测量的教学实验与综合实习，包括第一章、第二章和第六章。第一章测量实验实习导论，阐述了测量实验实习的目的意义、实验的一般规定及在记录计算过程中对有效数字的处理规则。第二章基本实验项目，共设计了二十三个课间实验项目，每个实验项目含实验目的、实验仪器、实验内容、实验要求、技术要求、注意事项和记录计算。第六章为教学实习纲要。第二部分是工程测量学的内业计算，包含第三章，主要讲述 Excel 在平面控制坐标计算中的应用。第三部分是工程测量参考练习教程，包括第四章课后作业、第五章思考练习及第七章自测试卷和附录。

本书可作为测量学实验实习和上机计算的教材单独使用，也可作为测量学课程的配套教材使用，还可以作为工程测量学专业技术考试及土建专业技术人员的参考用书。

图书在版编目（CIP）数据

工程测量实验与教学教程/韩群柱，马斌编著.—北京：中国电力出版社，2021.1（2022.11重印）
“十四五”普通高等教育本科规划教材
ISBN 978-7-5198-4078-5

Ⅰ.①工… Ⅱ.①韩…②马… Ⅲ.①工程测量－实验－高等学校－教材 Ⅳ.①TB22-33

中国版本图书馆 CIP 数据核字（2019）第 298972 号

出版发行：中国电力出版社
地　　址：北京市东城区北京站西街 19 号（邮政编码 100005）
网　　址：http://www.cepp.sgcc.com.cn
责任编辑：孙　静（010-63412542）
责任校对：黄　蓓　马　宁
装帧设计：郝晓燕
责任印制：吴　迪

印　　刷：北京雁林吉兆印刷有限公司
版　　次：2021 年 1 月第一版
印　　次：2022 年 11 月北京第四次印刷
开　　本：787 毫米×1092 毫米　16 开本
印　　张：11
字　　数：267 千字
定　　价：38.00 元

前　言

工程测量学是一门理论与实践结合紧密，实践性很强的学科，作为一门专业技术基础课，是土木水利类各个专业的必修课之一。在实际教学过程中，实践教学与数据计算课程学时往往占总学时的二分之一以上，因此，提高测量实验及数据处理和计算能力的教学质量就显得尤为重要。作者总结长期的理论和实践教学的经验，参考和吸收了大量的已有教学研究成果，编著了这本《工程测量实验与教学教程》。

全书内容共分为三部分：第一部分是工程测量的教学实验与综合实习，包括第一章、第二章和第六章。第一章测量实验实习导论，阐述了测量实验实习的目的意义、实验的一般规定及在记录计算过程中对有效数字的处理规则，对测量课的作用特点、测量仪器的维护和使用原则、测量仪器的借用规则进行了详细的论述。第二章基本实验项目，共设计了二十三个课间实验项目，每个实验项目含实验目的、实验仪器、实验内容、实验要求、技术要求、注意事项和记录计算。第六章为教学实习纲要。主要包括实习的目的与要求、实习的任务和内容、测量实习技术规范、实习场地、时间安排和组织领导、提交成果汇总及实习用各种记录计算表七方面的内容。第二部分是工程测量的内业计算，包含第三章，主要讲述 Excel 在平面控制坐标计算中的应用，并附有程序编制的流程框图。第三部分是测量课参考教程，包括第四章课后作业、第五章思考练习及第七章自测试卷，相关参考答案参见附录。本书中所编写的思考练习题目，都是经过多年的教学经验总结精心编著而成并附有参考答案，其内容涵盖了工程测量课程大纲的几乎所有内容。本书可作为工程测量实验实习和上机计算的教材单独使用，也可作为工程测量课教学的配套教材使用，还可以作为工程测量专业技术考试的教学复习教材及有关技术人员的参考用书。

本书由韩群柱、马斌编著。参加编写工作的人员有屈漫利、陈莉静、高海东、吴向男、李树天、方建银同志。全书由西安理工大学的余梁蜀审阅并提出了许多宝贵意见，陕西师范大学的张福平、薛亮博士后给予了支持和帮助，在此一并表示衷心的感谢！书中疏忽和不妥之处难免，敬请批评指正。

编者

2020.11

目　　录

前言

第一章　测量实验实习导论 …… 1

第一节　测量实验实习的目的和意义 …… 1

第二节　测量实验和实习的一般规定 …… 1

第三节　有效数字与四舍五入规则 …… 3

第二章　基本实验项目 …… 6

实验一　水准仪的认识与使用 …… 6

实验二　水准测量 …… 8

实验三　水准仪的检验与校正 …… 10

实验四　电子水准仪的认识与使用 …… 12

实验五　经纬仪的认识与使用 …… 14

实验六　测回法测水平角 …… 15

实验七　全圆测回法测水平角 …… 17

实验八　竖直角观测 …… 18

实验九　经纬仪的检验与校正（水平部分及竖盘检校） …… 19

实验十　全站仪的认识与使用 …… 21

实验十一　全站仪导线测量 …… 24

实验十二　GPS 测量仪的认识和使用 …… 27

实验十三　视距测量 …… 29

实验十四　罗盘仪测定直线的方位角 …… 30

实验十五　四等水准测量 …… 31

实验十六　一个测站的碎部测量——经纬仪测绘法 …… 33

实验十七　全站仪数字测图外业数据采集 …… 35

实验十八　施工放样基本工作——点的平面位置和高程测设 …… 37

实验十九　已知高程和坡度线的测设 …… 39

实验二十　用全站仪进行距离及坐标放样 …… 41

实验二十一　圆曲线的测设 …… 42

实验二十二　渠道纵横断面测量 …… 44

实验二十三　GPS - RTK 进行已知坐标点放样与碎部测量 …… 46

第三章　Excel 在平面控制坐标计算中的应用 …… 48

第一节　Excel 简介 …… 48

第二节　导线测量坐标计算的 Excel 程序编制 …… 49

第三节　两端有基线的小三角锁坐标计算的 Excel 程序编制 …… 58

第四节　Excel 编制及计算应用问题参考答案 …… 64

第四章　课后作业 …… 68
作业一　测量的基本知识 …… 68
作业二　水准测量 …… 70
作业三　角度测量 …… 73
作业四　距离测量及直线定向 …… 75
作业五　测量误差基础知识 …… 78
作业六　导线坐标计算 …… 81
作业七　三角锁坐标计算 …… 82
作业八　四等水准测量手簿计算 …… 84
作业九　视距测量计算 …… 85
作业十　勾绘等高线 …… 86
作业十一　圆曲线测设计算 …… 87
第五章　思考练习 …… 88
思考练习一　单项选择 …… 88
思考练习二　多项选择 …… 96
思考练习三　判断正误 …… 102
思考练习四　填空 …… 107
思考练习五　简答 …… 112
思考练习六　计算 …… 115
第六章　教学实习纲要 …… 121
第一节　实习的目的与要求 …… 121
第二节　实习的任务和内容 …… 121
第三节　测量实习技术规范 …… 123
第四节　实习场地 …… 127
第五节　时间安排和组织领导 …… 127
第六节　提交成果汇总 …… 127
第七节　实习用各种记录计算表 …… 128
第七章　自测试卷 …… 129
自测试卷一 …… 129
自测试卷二 …… 133
自测试卷三 …… 138
附录 …… 143
附录 A　第五章思考练习参考答案 …… 143
附录 B　第七章自测试卷参考答案 …… 157
附录 C　常用水准仪经纬仪的标称精度 …… 165
附录 D　全站仪常用的分类和标称精度 …… 166
附录 E　测量常用计量单位 …… 167
附录 F　常用地形图图式 …… 168
参考文献 …… 170

第一章　测量实验实习导论

第一节　测量实验实习的目的和意义

工程测量学是一门实践性较强的专业技术基础课，理论教学、实验教学和实习教学是本课程的三个重要教学环节。坚持理论与实践的紧密结合，认真进行测量仪器的操作应用和测量实践训练，才能真正掌握工程测量学的基本原理和基本技术方法。

实验课的目的是巩固和加深学生所学的测量学理论知识。通过实验，进一步认识测量仪器的构造和性能，掌握测量仪器的使用方法、操作步骤和检验校正的方法。同时学生通过亲手操作与观测成果的记录、计算及数据处理，提高分析问题和解决问题的能力，加深其理解和掌握测量学的基本知识、基本理论和基本技能。一方面可以巩固和验证学生的课堂教学理论成果，另一方面也能让学生熟悉测量仪器的构造和使用方法，真正完成理论与实践相结合的过程。测量实习则是进一步贯彻理论联系实际的原则。使学生接受一次系统性的测量实践训练，培养学生独立工作的能力。

第二节　测量实验和实习的一般规定

一、仪器的借用办法

（1）每次实验所需仪器均在指导书上写明，实验课前由各组同学向测量仪器室借用。

（2）测量仪器室每次实验前根据任务，按组配备、填好仪器借用单，将仪器排列在仪器室的工作台上。

（3）各组按照填好的仪器借用单清点仪器及附件等，由小组长在借用单上签名，将借用单交管理人员。

（4）初次接触仪器，未经教师讲解，对仪器性能不了解时，不得擅自架设仪器进行操作，以免弄坏仪器。

（5）实验完毕后，应立即将仪器交还仪器室，由管理人员暂时接收，由于交还仪器时间过于集中，来不及详细检查，待下次他人借用前经清点（最长不超过一周）方算前者借用手续完毕。

（6）借出的仪器须妥善保护，如有损坏遗失，则按照学校的规章制度办理。

二、仪器的使用规则和注意事项

爱护国家财产是大家应尽的职责，测量仪器是比较贵重的精密仪器，也是测绘工作者的武器，实验时必须精心使用，小心爱护。如有遗失损坏，不仅国家财产受到损失，而且对工作也会造成极大的影响。每个人应养成爱护仪器的良好习惯。

1. 领用

（1）严格执行实验室领用仪器的有关规定和程序。

（2）领用时应当场清点器具件数，检查仪器及仪器箱是否完好，锁扣、拎手、背带等是否牢固。

2. 安装

（1）先架设好三脚架再开箱取仪器。

（2）打开仪器箱盖前，应将箱子平放在地面或台上后再打开，打开仪器箱后，先看清仪器在箱内的安放位置，以便用完毕后能按原位放回。

（3）用双手握住仪器基座或望远镜的支架，然后取出箱外，当即安放在三脚架上，旋紧固定仪器与三脚架的中心连接螺旋。严禁未拧紧中心连接螺旋就使用仪器。

（4）仪器取出箱后，必须立即将箱盖盖好，以防尘土进入和零件丢失，箱子应放在仪器附近，不得将仪器箱当凳子坐。

3. 使用

（1）转动仪器各部件时要有轻重感，不能在没有松开制动螺旋的情况下强行转动仪器，也不允许握着望远镜转动仪器，而应握着望远镜支架转动仪器。

（2）旋动仪器各个螺旋时不宜用力过大，必须先松开制动螺旋，未松开时，不可强行扭转。各处制动螺丝，切勿拧得过紧，拧得过紧会损伤转动轴身或使螺旋滑丝。微动螺旋切不可旋到尽头。拨动校正螺丝时，必须小心，先松后紧，松紧适度。

（3）物镜、目镜等光学仪器的玻璃部分不能用手或纸张等物随便擦拭，以免损坏镜头上的药膜。如有灰尘可用箱内毛刷或麂皮擦拭，不许拆卸仪器，如有故障切勿强力扭动，应立即请指导教师处理。

（4）操作时手、脚不要压住三脚架和仪器非操作部分，以免影响观测精度。

（5）严禁松动仪器与基座的连接螺旋；严禁无人看管仪器，以免出意外。

（6）水准尺、花杆等木制品不可受横向压力，以免弯曲变形，不得坐压或用来抬仪器，更不能当标枪和棍棒玩耍。

（7）使用钢尺时，尺子不得扭曲，不得踩踏和让车辆碾压，拉动钢尺时，不得着地拖拉。

（8）仪器附件和工具（特别是棱镜，垂球等）不要乱丢，用毕后应放在箱内原位或背包里，以防遗失。

（9）在烈日和雨天使用仪器应撑测伞，使仪器免受日晒和雨淋且必须有人看护，以免晒坏仪器或影响仪器测量精度。

（10）使用中若发现仪器有什么问题，要及时报告指导教师或实验室老师。

4. 搬站

（1）仪器长距离搬站时需将仪器收入仪器箱内，并盖好上锁专人负责，小心背运，尽量避免震动。

（2）仪器短距离搬站，可将仪器连同三脚架一起搬动，注意要十分精心稳妥，仪器最好直立抱持或用右手托住仪器，左手抱住三脚架，并夹在左腋下贴胸稳步行走，绝对禁止横扛仪器于肩上。

（3）搬移仪器时须带走仪器箱及其他有关工具，清点各项用具，以免丢失，特别要注意清点零星物件。

5. 收放

（1）仪器用毕后应按原来位置装入箱内，首先打开仪器箱，再松开仪器与三脚架的连接螺旋，取下仪器并松开仪器制动螺旋，随后按原来的位置放入箱内，盖上箱盖，关好上锁。箱盖若不能关闭时应打开查看原因，不可强力按下。放入箱内的仪器各制动螺丝应适度旋紧，以免晃动。

（2）检查各附件与工具是否齐全，并按规定位置收放好。

6. 归还

（1）当实验完毕时应及时归还仪器，不得随意将仪器拿回寝室私自保管。

（2）归还仪器时应当面点清，实验室老师验毕后方可离去。

三、测量记录注意事项

测量数据的记录是外业观测成果的记载和内业数据处理的依据，在观测记录、计算时必须严肃认真，一丝不苟，并应遵守以下规则：

（1）实验记录须填在规定的表格里，随测随记，不得另纸记录、计算，再行转抄。在测量过程中，当观测者读数后，记录者应“回报”读数，以防听错记错。

（2）所有记录与计算均需用较好的绘图铅笔记录，不得使用除上述规定之外的笔（如圆珠笔、签字笔、蓝色钢笔等），字体应端正清晰，字体大小应只占格子的一半，上部应留出适当空隙，做更正错误之用。

（3）记录表格上观测条件及规定应按要求填写，不得留有空白的项目。

（4）记录禁止擦拭涂改与挖补，如记错需要修改时，应以横线或斜线划去，不得使原字模糊不清，正确的数字应写在原字上方。严禁在原字上涂改或用橡皮擦拭招补；所有记录的修改和观测成果的废除，必须在备注栏内写明原因，如测错、记错或超限等；

（5）已改过的数字又发现错误时，不准再改，应将该部分观测成果废除重测。所有观测与计算的手簿均不准另行誊抄，如经教师许可重抄时，原稿必须附后。

（6）观测的数据应具有观测的精度和真实性，记录数字位数要全，零位不应该省的就不能省。如水准尺读至 mm，则应记 1.520m，不要记成 1.52m，反之，若仪器读数至 cm，应记 1.52m，不可记 1.520m；度盘读数 128°06′00″，不要记成 128°6′。

（7）记录计算中，各项平均值的取位，均应取至观测值的最末位，不必多取多于观测值的位数或小数位。平均值的末位按四舍六入和逢 5 单进双不进的规则进位。

（8）无论是测角还是水准测量，一个侧站上的计算结果必须经过校核，确认无误后才能搬站。

（9）记录应保持清洁整齐，记录手簿上不得出现计算草式或无关的观测数据等。

（10）要严格要求自己，培养正确的作业习惯，所有观测记录都应遵守规定要求，否则将根据具体情况部分成全部予以作废，另行重测。

第三节　有效数字与四舍五入规则

一、有效数字的概念

如果一个近似数的最大凑整误差不超过该数最末位的 0.5 个单位，则从这个数字起一直到该数最左面第一个不是零的数字为止，就称为该数的正确有效数字，简称有效数字。有效数字是用位数表示的，例如

280.85　　　　　　有 5 位有效数字；

0.702 有3位有效数字；

8.0040200 有8位有效数字，其最右末位的两个“0”都是有意义的，它说明该数已准确到 0.5×10^{-7}。

二、有效数字的四则运算

1. 加法和减法

在计算几个数字相加或相减时，所得和或差的有效数字的位数，应以小数点后位数最少的数为准。如将3.0113、41.25及0.357相加，见式（1-1）（可疑数以“?”标出）

$$\begin{array}{r} 3.011\overset{?}{3} \\ 41.2\overset{?}{5} \\ +\ 0.35\overset{?}{7} \\ \hline 44.6\overset{???}{183} \rightarrow 44.62 \end{array} \tag{1-1}$$

可见，小数点后位数最小的数41.25中的5已是可疑，相加后使得44.6183中的1也可疑，所以，再多保留几位已无意义，也不符合有效数字只保留一位可疑数字的原则，这样相加后，结果应是44.62。

以上为了看清加减后应保留的位数，而采用了先运算后取舍的方法，一般情况下可先取舍后运算，见式（1-2）

$$\begin{array}{l} 3.0113 \rightarrow 3.01 \\ 41.25 \rightarrow 41.25 \\ 0.357 \rightarrow \underline{0.36} \\ \qquad\qquad 44.62 \end{array} \tag{1-2}$$

2. 乘法与除法

在计算几个数相乘或相除时，其积或商的有效数字位数应以有效数字位数最少的为准。如1.211与12相乘，见式（1-3）

$$\begin{array}{r} 1.21\overset{?}{1} \\ \times\ 1\overset{?}{2} \\ \hline \overset{????}{2422} \\ 121\overset{?}{1} \\ \hline 14.532 \\ ?\,??? \end{array} \tag{1-3}$$

显然，由于12中的2是可疑的，使得积14.532中的4也可疑，所以保留两位即可，结果就是14。

同加减法一样，也可先取舍后运算，见式（1-4）

$$\begin{array}{r} 1.211 \rightarrow 1.2 \\ 12 \rightarrow \underline{12} \\ 24 \\ \underline{12} \\ 14.4 \\ \rightarrow 14 \end{array} \tag{1-4}$$

3. 计算中的凑整规则

原始记录的有效数字，反映了观测的精度，应根据从事的观测作业要求的精度读写，不得随意增减。如“距离”要求精确到mm，而读数恰好为整cm时，应以“0”来补位，也就是说表示精度的“0”不能省略。如156.86，当“距离”要求精确到mm时，应记为156.860 m，而不能记为156.86m。为了不损害观测结果的精度，计算过程中可多取一位有效数字，但最后成果的有效数字应不超过原始资料的有效数字。

为减少凑整误差的积累，加快计算的速度，在实际测量成果的计算中往往涉及凑整问题。为了避免凑整误差的积累而影响测量成果的精度，通常采用以下凑整规则。

（1）被舍去数值部分的首位大于5，则保留数值最末位加1。

（2）被舍去数值部分的首位小于5，则保留数值最末位不变。

（3）被舍去数值部分的首位等于5，则保留数值最末位凑成偶数。

综合上述原则，可表述为：大于5则进，小于5则舍，等于5视前一位数而定，奇进偶不进。例如：下列数字凑整后保留三位小数时，3.141 59→3.142（奇进），2.645 75→2.646（进1），1.414 21→1.414（舍去），7.142 56→7.142（偶不进）。

第二章　基本实验项目

实验一　水准仪的认识与使用

一、实验目的

(1) 了解工程水准仪（DS_3级）的基本构造和性能，认识其主要构件的名称和作用。

(2) 练习水准仪的安置、瞄准、读数和高差计算。

(3) 了解自动安平水准仪的使用方法（选作）。

二、实验仪器

水准仪、水准尺、尺垫、记录板。

三、实验内容

(1) 熟悉 DS_3型水准仪各部件名称及作用。

(2) 学会并掌握水准仪的安置、粗平、瞄准、精平、读数。

(3) 消除视差及利用望远镜中的中丝在水准尺上读数。

(4) 在实验场场地任选两点，放上尺垫，每人改变仪器高度分别测定两点尺垫间的高差。

四、实验要求

每个同学都必须熟悉实验内容，首先完成前三项，然后再安置仪器做第四项两次。

五、技术要求

(1) 仪器高度的变化（升高或降低）幅度应大于 10cm。

(2) 两次测定的高差之差应小于 5mm。

(3) 各小组成员所测高差的最大值与最小值之差不超过 5mm。

六、注意事项

(1) 每次读数前，必须检验符合水准气泡是否居中，两半边气泡影像完全符合。

(2) 读数时，正像仪器应由下向上读数，倒像仪器应由上向下读数。

(3) 读数必须读 4 位数，即 m、dm、cm、mm，记录时以 m 为单位，如 1.859m。

七、观测记录

水准仪认识观测记录表见表 2-1。

表 2-1 水准仪认识观测记录表 (m)

仪器号码： 天气： 观测者：
日 期： 呈象： 记录者：

安置仪器次数	测 点	后 视	前 视	高 差	高 程
第一次					100.000（假定）
第二次					

实验二　水　准　测　量

一、实验目的

(1) 掌握普通水准测量方法，熟悉记录、计算和校核，学会如何选择测站和转点。

(2) 掌握根据实测数据进行水准路线高差闭合差的调整和高程计算的方法。

二、实验器具

水准仪、水准尺、尺垫、记录板。

三、实验内容

(1) 闭合水准路线测量（即由某一已知水准点开始，经过若干转点、临时水准点再回到原来的水准点）或附合水准路线测量（即由某一已知水准点开始，经过若干转点、临时水准点后到达另一已知水准点）。

(2) 观测精度符合要求后，根据观测结果进行水准路线高差闭合差的调整和高程计算。

四、实验要求

(1) 计算沿途各转点高差和各观测点高程（可假设起点高程为500.000m）。

(2) 视线长度不得超过100m，前后视距应大致相等，闭合差的容许值见式（2-1）

$$\Delta h_{允} = \pm 10\sqrt{n}(\mathrm{mm}) \quad 或 \quad \Delta h_{允} = \pm 40\sqrt{L}(\mathrm{mm}) \tag{2-1}$$

式中　n——测站数，个；

L——水准路线长度，km。

五、注意事项

(1) 选择测站及转点位置时应尽量避开车辆和行人的干扰。前、后视距应大致相等，仪器与前、后视点并不一定要求三点成一线，每次读数前要消除视差，水准管气泡严格居中，符合气泡符合。

(2) 水准尺应立直，起始水准点及待定点上不得放尺垫，转点上必须放尺垫，并一次踩实。水准尺应放在尺垫上凸出的半圆球顶上。

(3) 仪器未搬迁时，前、后视水准尺立尺点上的尺垫，均不得移动。仪器搬迁时，前视点的尺垫不得移动，后视点的尺垫由扶尺员连同水准尺一起携带前行。

六、观测记录

见表2-2、表2-3。

表2-2　　水准路线高差调整与高程计算表

点号	距离（m）	测站数（个）	测得高差（m）	高差改正数（mm）	改正后高差（m）	高程（m）	备注
Σ							

续表

点号	距离（m）	测站数（个）	测得高差（m）	高差改正数（mm）	改正后高差（m）	高程（m）	备注

$\Delta h=$

$\Delta h_{允}=$

表 2-3　　**水 准 测 量 记 录 表**

自　　点　　　　天气：　　　　班级组别：

测 至 点　　　　呈象：　　　　观 测 者：

仪器号码：　　　日期：　　　　记 录 者：

测点	后视读数（m）	前视读数（m）	高差（m）		高程（m）	备注
			+	−		
校核计算	$\Sigma a=$	$\Sigma b=$	$\Sigma h=$		末点高程= 起点高程=	

$\Delta h=$　　　　$\Sigma a-\Sigma b=$　　　　$\Delta h_{允}=\pm 10\sqrt{n}=$

实验三　水准仪的检验与校正

一、实验目的

了解水准仪主要轴线间的几何关系，掌握其检验校正的方法。

二、实验器具

水准仪、水准尺、尺垫、校正针、记录板、(需要小螺丝刀时可向指导教师借用)。

三、实验内容

(1) 圆水准轴平行仪器竖轴检验校正。

(2) 十字丝横丝垂直于竖轴。

(3) 长水准管轴平行视准轴的检验校正。

四、实验要求

(1) 各项内容经检验如条件满足，可不进行校正，但必须当场弄清楚校正时应如何拨动校正螺丝。

(2) 必须先行检验，发现不满足要求条件时，按所学原理进行校正，在未弄清楚校正螺丝应转动的方向时，不得盲目用校正针硬行拨动校正螺丝，以免损坏仪器。

(3) 拨动校正螺丝后，必须再行检验。

(4) 水准管轴平行视准轴的允许残留误差：远尺实读值和远尺应读值之差不大于 3mm。

五、注意事项

(1) 各检验与校正项目应按照本实验内容的顺序进行，不可任意颠倒，每项检验至少进行两次，确认无误才能进行校正。

(2) 拨动校正螺丝，应该先松后紧，一松一紧，用力不宜过大。校正完毕时，校正螺丝不能松动应处于稍紧状态。

(3) 检验与校正要反复进行，直至符合要求为止。

六、水准仪检验校正记录

1. 圆水准器的检验校正 (见表 2-4)

表 2-4　　绘图说明检验情况

开始整平后圆水准气泡位置图	仪器转 180°后圆水准气泡位置图	用校正针应拨回气泡位置图
◎	◎	◎

2. 望远镜十字丝的检验校正 (见表 2-5)

表 2-5　　绘图说明检校情况

检验时望远镜视插图		校正后望远镜视插图	
点在横丝一端位置	点在横丝另一端位置	点在横丝一端位置	点在横丝另一端位置
○	○	○	○

3. 水准管轴平行视准轴的检验与校正（见表 2-6）

表 2-6　　检验校正的数据记录表

观测者：　　天气：　　呈　　象：

记录者：　　时间：　　仪器型号：

<table>
<tr><td rowspan="3">仪器置中点求出
真高差（$h_{真}$）
（h_i 误差≤3mm）</td><td>a（m）</td><td></td><td></td><td></td><td rowspan="2">平均值（$h_{真}$）</td></tr>
<tr><td>b（m）</td><td></td><td></td><td></td></tr>
<tr><td>高差 h（m）</td><td></td><td></td><td></td><td></td></tr>
</table>

<table>
<tr><td colspan="3">检校次数</td><td>第一次</td><td>第二次</td><td>第三次</td></tr>
<tr><td rowspan="5">检验</td><td rowspan="5">仪器置于
B 点附近</td><td>b（近尺点）读值（m）</td><td></td><td></td><td></td></tr>
<tr><td>$h_{真}$（m）</td><td></td><td></td><td></td></tr>
<tr><td>$a_{应}$（远尺应读值）（m）</td><td></td><td></td><td></td></tr>
<tr><td>$a_{实}$（远尺实读值）（m）</td><td></td><td></td><td></td></tr>
<tr><td>$|a_{实}-a_{应}|$（mm）</td><td>□≤3（结束检校）
□>3（转入校正）</td><td>□≤3
□>3</td><td>□≤3
□>3</td></tr>
<tr><td colspan="2" rowspan="3">校正</td><td>第一步</td><td colspan="3">调微倾螺丝使远尺值为 $a_{应}$</td></tr>
<tr><td>第二步</td><td colspan="3">用校正针拨水准管校正螺丝使气泡居中</td></tr>
<tr><td>第三步</td><td colspan="3">转入检验，务必在 B 点附近重新安置仪器进行再次检验</td></tr>
</table>

实验四　电子水准仪的认识与使用

一、实验目的

(1) 了解电子水准仪的构造和性能。

(2) 熟悉电子水准仪的使用方法。

二、实验计划和仪器

(1) 实验学时建议 2 学时。

(2) 实验小组可由 3～4 人组成，也可以由几个小组组成一实验大组。各小组轮流操作。每实验小组完成两点之间高差的观测工作。

(3) 每小组（或大组）电子水准仪 1 台，与其配套的条纹编码水准尺 2 把，尺垫 2 个。

三、电子水准仪的简介

电子水准仪又称数字水准仪，电子水准仪所使用的水准尺为条纹编码尺，在仪器中装置有行阵传感器可识别水准标尺上的条码分划。仪器摄入条码图像后经处理器处理后转变为相应的数字，再通过信号转换和数据化后可在显示屏上显示出高程和视距，并在存储器中将相应的测量数据计算存储。

目前，各厂家标尺编码的条码图案不完全相同，不能互换使用。如果使用普通水准尺时，电子水准仪可以作为光学水准仪使用但精度会变低。各种型号的电子水准仪的外形、体积、重量、性能均有不同，但组成大都由电源、望远镜、光电传感器、操作键、显示屏等部件所组成。

四、电子水准仪的使用

电子水准仪的操作应在指导教师演示后进行。

首先，在实验场地上选择两点 A、B，分别在 A、B 点上放上尺垫后，在尺垫上立尺，两点之间安置电子水准仪，整平圆气泡接通电源，设置有关测量模式。

然后，瞄准 A 尺，调焦，按相应键显示 A 尺读数 a，再用同样的方法瞄准 B 尺得相应的读数 b，则可算得 A、B 两点的高差。实验时对 A、B 高差观测两次。

五、技术要求

两次测定的高差相差不超过 3mm。

六、注意事项

(1) 标尺尽量不要被障碍物遮挡，应在足够亮度的地方架设标尺，如用照明时，应照明整个标尺。

(2) 测量工作完成后应注意关闭电源。

七、实验记录（见表 2-7）

表 2-7　　水准测量记录表

仪器号码：　　日期：　　观测者　　记录者：　　班级组别

测点	后视读数（m）	前视读数（m）	高差（m）		高程（m）	备注
			+	−		

续表

仪器号码：　　日期：　　观测者　　记录者：　　班级组别

测点	后视读数（m）	前视读数（m）	高差（m）		高程（m）	备注
			+	−		

实验五 经纬仪的认识与使用

一、实验目的

了解 DJ_6 型光学经纬仪的构造，并学会其使用方法。

二、实验器具

经纬仪、花杆、木桩、记录板。

三、实验内容

(1) 了解经纬仪各部分构造及作用，练习经纬仪的对中、整平、瞄准和读数。

(2) 掌握用经纬仪观测水平角的方法及记录计算

四、实验要求

(1) 每人安置仪器（对中、整平）于测站上，瞄准左、右目标，读出水平度盘读数。然后重新安置仪器于同一测站上，重复观测。算出每次角值，求出角值之差。

(2) 用盘左位置观测目标，瞄准花杆最下部。

(3) 对中误差应小于 3mm。

五、实验注意事项

(1) 经纬仪对中时应使三脚架架头大致水平，否则会导致经纬仪整平困难。

(2) 读数应估读到 0.1 分，即观测结果的秒值应是 6 的整倍数。

六、观测记录（见表 2-8）

表 2-8　　经纬仪认识和使用记录表

仪器型号：　　观测者：

___年___月___日　　天　气：　　记录者：

测站	目标	竖盘位置	水平度盘读数 (°　′　″)	角值 (°　′　″)	角值之差 (′　″)	备注

实验六　测回法测水平角

一、实验目的

学会测回法测水平角的观测方法和记录计算，进一步熟练经纬仪的操作使用。

二、实验器具

DJ_6 经纬仪、花杆、记录板。

三、实验内容

练习用测回法观测水平角。

四、实验要求

（1）每人至少测两个测回。

（2）对中误差小于 3mm，长水准管气泡偏离不超过一格。

（3）第一测回角度度盘起始位置可比 0°00′00″大 1～2′，其他测回应改变 180°/n。

（4）半测回角值差不超过 36″，各测回角值差不超过 24″。

五、注意事项

（1）对中误差不超过 3mm。观测过程中照准部水准管气泡偏离中心不超过 1 格，否则重新整平，并重测该测回。

（2）观测时要消除视差并尽量照准目标的底部。

六、观测记录（见表 2-9）

表 2-9　　**测回法测水平角记录表**

日　期：　　　　仪器型号：　　　　观测者：

时　间：　　　　天　　气：　　　　记录者：

测站（测回）	目标	竖盘位置	水平度盘读数 (°　′　″)	半测回角值 (°　′　″)	一测回角值 (°　′　″)	各测回平均角值 (°　′　″)	备注
O_1 (1)	A	左					
	B						
	A	右					
	B						
O_1 (2)	A	左					
	B						
	A	右					
	B						
O_2 (1)	A	左					
	B						
	A	右					
	B						

续表

测站（测回）	目标	竖盘位置	水平度盘读数（° ′ ″）	半测回角值（° ′ ″）	一测回角值（° ′ ″）	各测回平均角值（° ′ ″）	备注
O_2（2）	A	左					
	B						
	A	右					
	B						
O_3（1）	A	左					
	B						
	A	右					
	B						
O_3（2）	A	左					
	B						
	A	右					
	B						

实验七 全圆测回法测水平角

一、实验目的

掌握用全圆测回法观测水平角的方法、记录、计算。

二、实验器具

DJ_6 经纬仪、花杆、记录板。

三、实验内容

（1）练习全圆测回法的测角方法。

（2）各组至少瞄准四个方向目标，每人至少观测一个测回，换人可以不重新安置仪器，但起始目标度盘，配置数要改变 $180°/n$。

四、实验要求

（1）半测回归零差不大于 24″。

（2）各测回同一归零方向值的互差不大于 24″。

五、注意事项

（1）应选择易于瞄准、成像清晰的目标作为起始方向（零方向）。

（2）各次观测时应照准目标的相同部位。

（3）各测回水平度盘起始位置设定后，不得碰动度盘变换手轮。

六、观测记录（见表 2-10）

表 2-10 **全圆测回法观测记录表**

日　期：　　天　气：　　观测者：

开始时间：　　记录者：

终了时间：　　呈　象　　检查者：

略图

测站	测回数	目标	盘左读数（L）	盘右读数（R）	$2C=L-(R\pm180°)$	平均读数＝$\frac{L+(R\pm180°)}{2}$	起始方向值	归零后方向值	平均方向值	角值
			(° ′ ″)	(° ′ ″)	(″)	(° ′ ″)	(° ′ ″)	(° ′ ″)	(° ′ ″)	(° ′ ″)

实验八　竖直角观测

一、实验目的

了解竖直度盘的构造特点，学会竖直角的观测、计算以及竖盘指标差计算。

二、实验器具

经纬仪、记录板。

三、实验内容

(1) 用盘左、盘右观测一高处目标的竖直角。

(2) 求出竖盘指标差。

四、实验要求

(1) 每人观测两个目标。

(2) 竖盘指标差互差和竖直角各测回差应小于 30″。

五、注意事项

(1) 盘左、盘右瞄准时应用横丝对准目标同一位置。

(2) 每次读数前应使竖盘水准管气泡居中。

(3) 计算竖直角及指标差时应注意正、负号。

六、观测记录（见表 2-11）

表 2-11　竖直角观测记录表

日期：　　仪器型号：　　观测者：

时间：　　天　气：　　记录者：

测站	目标	竖盘位置	竖直角		$\alpha=\frac{\alpha_R+\alpha_L}{2}$	$\alpha=\frac{\alpha_R-\alpha_L}{2}$	备注
			竖盘读数	竖直角			
			(°　′　″)	(°　′　″)	(°　′　″)	(　″　)	
		左					
		右					
		左					
		右					
		左					
		右					
		左					
		右					

竖直角计算公式：$\alpha_L=$　　　　　　$\alpha_R=$

实验九 经纬仪的检验与校正（水平部分及竖盘检校）

一、实验目的

了解经纬仪各主要轴线之间应满足的几何关系，并学会其检验校正方法。

二、实验器具

经纬仪、校正针、小螺丝刀（需用时向指导教师借用）、记录板。

三、实验内容

（1）照准部水准管轴应垂直于仪器竖轴（$LL \perp VV$）。

（2）十字丝竖丝应垂直于横轴（纵丝$\perp HH$）。

（3）望远镜视准轴应垂直于横轴（$CC \perp HH$）。

（4）横轴应垂直于仪器竖轴（$HH \perp VV$）。

（5）竖盘指标差的检校。

四、实验要求

（1）各项内容经检验，如条件满足，则可不进行校正，但必须当场掌握校正时应如何拨动校正螺丝的方法。

（2）必须先行检验，发现不满足条件要求时按所学原理进行校正。不得盲目用校正针硬行拨动校正螺丝。

（3）拨动校正螺丝后必须再行检验。

（4）允许残留误差：水准管小于1格，二倍照准差≤60″。

（5）求出指标差，指标差小于24″时可不作校正，但应弄明白如何进行校正，先动哪个螺旋，使读数对准多少，应拨动哪个校正螺丝。

五、实验记录（见表2-12）

表2-12 经纬仪检验校正记录表

仪器号码：		日期：	检校者：
顺序	项目	检验情况	校正过程及残留误差
1	水准管 ($LL \perp VV$)	仪器整平后，使气泡严格居中，照准部旋转180°后气泡偏离 第一次偏______ ______格 第二次偏______ ______格 第三次偏______ ______格 第四次偏______ ______格	拨回一半 第一次偏____ ____格 第二次偏____ ____格 第三次偏____ ____格 第四次偏____ ____格 再检验后残留误差____格
2	十字丝 (纵丝$\perp HH$)	纵丝歪斜情况：检验时十字丝纵丝端点瞄准某点，上下移动十字丝，该点移动的位置用下图说明。 检验时望远镜视场图 点在纵丝一端位置 ◯ | 点在纵丝另一端位置 ◯	校正后再检验的情况 ◯ ◯

续表

<table>
<tr><th>顺序</th><th>项目</th><th>检验情况</th><th>校正过程及残留误差</th></tr>
<tr><td>3</td><td>视准轴
($CC\perp HH$)</td><td>使望远镜大致水平，盘左盘右瞄准固定点 P，精确读取其水平盘读数 M_1 和 M_2 视准差 $C=\frac{1}{2}[M_1-(M_2\pm180°)]$
<table>
<tr><th>次序</th><th>竖盘位置</th><th>水平盘读数
(° ′ ″)</th><th>C
(″)</th></tr>
<tr><td rowspan="2">1</td><td></td><td></td><td rowspan="2"></td></tr>
<tr><td></td><td></td></tr>
<tr><td rowspan="2">2</td><td></td><td></td><td rowspan="2"></td></tr>
<tr><td></td><td></td></tr>
<tr><td rowspan="2">3</td><td></td><td></td><td rowspan="2"></td></tr>
<tr><td></td><td></td></tr>
</table></td><td>正确读数 $M=\frac{1}{2}[M_2+(M_1\pm180°)]$
(1) 转动水平水平动螺旋，使盘右读数对准 M
(2) 打开十字丝护盖，先轻轻松开十字丝的上或下螺丝，再拨动左、右校正螺丝，使十字丝交点对准 P
<table>
<tr><th>次序</th><th>M (° ′ ″)</th></tr>
<tr><td>1</td><td></td></tr>
<tr><td>2</td><td></td></tr>
<tr><td>3</td><td></td></tr>
</table>再检验 残留误差：</td></tr>
<tr><td>4</td><td>横轴
($HH\perp VV$)</td><td>用盘左位置瞄准一清晰固定的比较高的点 M，固定照准部，令望远镜俯至与仪器同高水平位置，根据十字丝交点标出一点 m_1，然后倒转望远镜，在盘右位置仍瞄准高点 M，仍使望远镜俯至水平位置，据十字丝交点标出一点 m_2，若与 m_1 点重合，则满足 $HH\perp VV$，否则应校正</td><td>注：此项校正需在室内进行，故实验课只作检验，不作校正。作图如下：</td></tr>
</table>

<table>
<tr><td rowspan="10">5</td><th rowspan="2">检验次数</th><th rowspan="2">测站</th><th rowspan="2">目标</th><th rowspan="2">竖盘位置</th><th colspan="2">竖直角</th><th rowspan="2">$\alpha=\frac{\alpha_R+\alpha_L}{2}$
(° ′ ″)</th><th rowspan="2">$x=\frac{\alpha_R-\alpha_L}{2}$
(° ′ ″)</th><th rowspan="2">竖盘指标差 (x) 校正及残留误差</th></tr>
<tr><th>竖盘读数
(° ′ ″)</th><th>竖直角
(° ′ ″)</th></tr>
<tr><td rowspan="2">第一次</td><td rowspan="2"></td><td></td><td></td><td></td><td></td><td rowspan="2"></td><td rowspan="2"></td><td>$x\leqslant30''$结束</td></tr>
<tr><td></td><td></td><td></td><td></td><td>$x>30''$校正后
转入第二次检验</td></tr>
<tr><td rowspan="2">第二次</td><td rowspan="2"></td><td></td><td></td><td></td><td></td><td rowspan="2"></td><td rowspan="2"></td><td>$x\leqslant30''$结束</td></tr>
<tr><td></td><td></td><td></td><td></td><td>$x>30''$校正后
转入第二次检验</td></tr>
<tr><td rowspan="2">第三次</td><td rowspan="2"></td><td></td><td></td><td></td><td></td><td rowspan="2"></td><td rowspan="2"></td><td></td></tr>
<tr><td></td><td></td><td></td><td></td><td></td></tr>
</table>

实验十　全站仪的认识与使用

一、目的和要求

（1）了解全站仪的构造，熟悉全站仪的操作界面及作用。

（2）掌握全站仪的基本使用。

（3）用全站仪测角，量距，测坐标。

二、仪器和工具

每组全站仪1台，脚架1个，棱镜1块。

三、实验计划

（1）建议学时数2学时。

（2）组织：3人1组。

四、实验内容

每一个同学最少测一个水平角和一个竖直角（一个测回），一段距离，一个坐标点。

五、方法与步骤

（一）全站仪的认识

全站仪由照准部、基座、水平度盘等部分组成，采用编码度盘或光栅度盘，读数方式为电子显示，有功能操作键及电源，还配有数据通信接口。

（二）全站仪的使用

1. 测量前的准备工作

（1）电池的安装（注意：测量前电池需充足电量）。

将电池盒底部的突起卡入主机，按住电池盒顶部的弹块并向仪器方向推直至电池盒卡入位置为止，然后放开弹块。

（2）仪器的安置。

1）在实验场地上选择一点，作为测站，坐标（x，y，H）假定为（100.000、430.000）另外两点作为观测点。

2）将全站仪安置于此点，对中、整平，和经纬仪相同。

3）在两点分别安置棱镜。

2. 开机

（1）确认仪器已对中整平。

（2）按红色开机键开机，仪器进入开机界面并显示有关数据。

（3）竖直度盘和水平度盘指标的设置。

1）竖直度盘指标设置。松开竖直度盘制动旋钮，将望远镜纵转一周（望远镜处于盘左，当物镜穿过水平面时），竖直度盘指标即已设置。随即听见一声鸣响，并显示出竖直角。

2）水平度盘指标设置。松开水平制动螺旋，旋转照准部360°，水平度盘指标即自动设置。随即一声鸣响，同时显示水平角。至此，竖直度盘和水平度盘指标已设置完毕。注意：每当打开仪器电源时，必须重新设置指标。

（4）转动望远镜过零后仪器进入基本测量界面，检查电池电量，当显示电池电量不足时，请及时更换电池。

（5）调焦与照准目标。操作步骤与一般经纬仪相同，注意消除视差。

3. 角度测量

（1）仪器处于角度测量模式。

（2）盘左瞄准左目标 A，按置零键，使水平度盘读数显示为 $0°00'00''$，顺时针旋转照准部，瞄准右目标 B，读取显示读数。

（3）同样方法可以进行盘右观测。

（4）如果测竖直角，可在读取水平度盘的同时读取竖盘的显示读数。或者设置竖角模式直接读出竖直角。

4. 距离测量

（1）仪器处于距离测量模式。

（2）照准棱镜中心，这时显示屏上能显示箭头前进的动画，前进结束则完成测量，得出距离，*HD* 为水平距离，*SD* 为倾斜距离。

5. 坐标测量

（1）首先从显示屏上确定是否处于坐标测量模式，如果不是，则按操作键转换为坐标模式。

（2）输入本站点及后视点坐标，以及仪器高、棱镜高，照准后视点棱镜中心确认。

（3）瞄准待测点棱镜中心测量目标点的坐标。

6. 关机

长按红色关机键并确认关机。

六、注意事项

（1）运输仪器时，应采用原装的包装箱运输、搬动。

（2）近距离将仪器和脚架一起搬动时，应保持仪器竖直向上。

（3）拔出插头之前应先关机。在测量过程中，若拔出插头，则可能丢失数据。

（4）换电池前必须关机。

（5）仪器只能存放在干燥的室内。充电时，周围温度应在 10～30℃之间。

（6）全站仪是精密贵重的测量仪器，要防日晒、防雨淋、防碰撞震动。严禁仪器直接照准太阳。

七、应交成果

上交全站仪测量记录表，见表 2-13。

表 2-13　　全站仪测量实验记录表

组别：　　　　仪器号码：　　　　天气　　　　　年　　月　　日

测站	测回	仪器高（m）	棱镜高（m）	竖盘位置目标点	水平角观测		竖直角观测		距离高差观测			坐标测量		
					水平度盘读数	方向值或角值	竖直度盘读数	竖直角	斜距（m）	平距（m）	高差（m）	x（m）	y（m）	H（m）

续表

测站	测回	仪器高（m）	棱镜高（m）	竖盘位置目标点	水平角观测		竖直角观测		距离高差观测			坐标测量		
					水平度盘读数	方向值或角值	竖直度盘读数	竖直角	斜距（m）	平距（m）	高程（m）	x（m）	y（m）	H（m）

实验十一　全站仪导线测量

一、实验目的

理解导线测量的基本概念，掌握用全站仪进行导线外业的测量方法、导线内业的计算方法。

二、实验仪器

全站仪（以苏一光系列全站仪为例）主机 1 台、三脚架 1 个、棱镜 2 个、记录板 1 个、对讲机 2 个、记录铅笔 1 支、函数计算器 1 个。

三、实验内容

以闭合导线为例，使用全站仪完成外业测角、量边等工作，其后用手工计算的方式进行内业处理。

四、方法与步骤

（1）在一块比较开阔的场地上，选择 A、1、2 三个点，相邻点的距离 100m 左右。三个点的相对位置如图所示：

（2）在 A 点架设全站仪，对中整平。

（3）分别在 1、2 点架设反光棱镜，注意架设棱镜时，尽量使棱镜杆竖直。

（4）测边。测量直线 A1、A2 的水平距离。将全站仪的望远镜十字丝中心分别瞄准 1、2 点的棱镜镜面中心，按【测距】键，等待数秒后，屏幕上显示出平距（可多按几次测距，取平均值），将其结果记录到全站仪导线外业记录表中。

（5）测角。以测回法测量 β_A 为例，首先，将全站仪架设在 A 点，对中整平后，盘左位置（注意盘左位置的识别）将望远镜十字丝照准 2 点的棱镜杆，注意尽量照准棱镜杆与地面接合的尖部，不要照准棱镜面。按两次【置零】键，使得水平角读数显示为 $0°00'00''$，并在外业记录表中记录此时的读数。其次，顺时针转动照准部到 1 点，记录屏幕上显示的水平角读数。然后倒转望远镜，切换成盘右位置，将望远镜十字丝照准 1 点的棱镜杆（此时不要置零），并记录下此时的水平角读数，逆时针转动照准部到 2 点，记录屏幕上显示的水平角读数。最后，计算盘左、盘右角度的平均值。

（6）在 A 点完成测距、测角任务后，将全站仪依次架设到 1、2 点，分别完成水平角 β_1、β_2 的测角工作及直线 A1、12、2A 的测距工作。

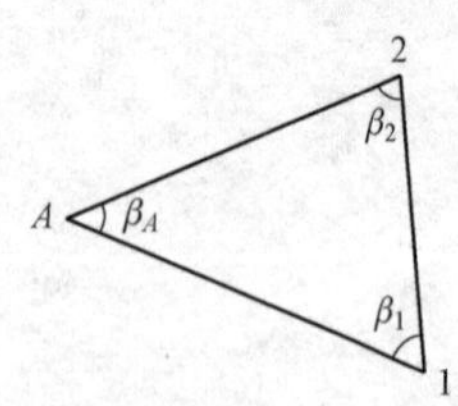

图 2-1　各导线点坐标

（7）计算各导线点坐标。假定：导线边 A1 的坐标方位角 $\alpha_{A1}=120°$，A 点坐标：$x_A=500.000$m，$y_A=500.000$m。根据全站仪导线平面坐标计算表计算 1、2 点的坐标，并填入表中（见表 2-15）。

五、精度要求

按照三级导线的精度要求：2″级仪器测角测 1 个测回、测角中误差≤12″；测距相对中误差≤1/7000；方位角闭合差≤$24''\sqrt{n}$；导线全长相对闭合差≤1/5000。

六、计算表格（见表 2 - 14、表 2 - 15）

表 2 - 14　　全站仪导线外业记录表

班　　级　　　　　　　　　　　　小组成员

仪器型号　　　　　　　　　　　　天　　气

测站	目标	竖盘位置	水平角读数	半测回角值	一测回角值	平距（精确到 mm）
		盘左				

表 2-15 **全站仪导线平面坐标计算表**

日期 班级 小组成员

测站	水平角（β）		方位角（α）	边长（D）	增量计算值		改正后增量		坐标值	
	观测值（° ′ ″）	改正后角值（° ′ ″）	（° ′ ″）		$\Delta x'$(m)	$\Delta y'$(m)	Δx(m)	Δy(m)	x(m)	y(m)
A										
1										
2										
A										
总和										
	$f_\beta=$ $f_{\beta允}=\pm 24''\sqrt{n}$		$f_x=$ $f_s=$		$f_y=$ $K=$		$K_{允}=1/5000$			

实验十二 GPS测量仪的认识和使用

一、实验目的

(1) 了解GPS仪器的构造、各部件的名称作用及使用方法。

(2) 了解静态相对定位的作业方法，观测数据的处理过程。

二、实验组织及计划

(1) 建议学时数为2学时

(2) 每实验小组由3人组成，3个实验小组为一实验大组。

(3) 每大组的数据传输到计算机后统一进行解算。

三、实验仪器

每个实验大组的实验器材为；静态GPS接收机1套（3台），对点器基座3套，三脚架3副，数据传输电缆1根，数据处理系统及相应的计算设备。

四、实验方法及内容

1. GPS接收机的构成

GPS接收机的组成单元主要包括主机、天线和电源三部分，目前大多数仪器厂家采用了将主机、天线和电源整合在一起的一体化GPS主机结构。各种GPS接收机的外形、体积、重量、性能有所不同，但主要构造和功能大同小异。

2. GPS接收机的使用方法内容

(1) 将三个三脚架分别架设在测区的3个测点上，在三脚架架头上安装基座，对中，整平后将GPS接收机安装在基座上，锁紧。

(2) 按照规定量测天线高。启动GPS接收机进行卫星自动搜索，数据采集。

(3) 当3台接收机连续同步采集时段长度为45分钟后，退出数据采集，关闭接收机。再次量测天线高，记录测站的点号、天线高、接收机编号和观测时间，然后将接收机、基座等收好。

(4) 将GPS接收机收集的数据传输给计算机并进行数据解算，输出计算结果。

五、注意事项

(1) GPS接收机应安置在比较开阔的点位上，视场内周围障碍物的高度角应不大于15°。

(2) 每大组的GPS接收机开关时间应保持同步，观测期间，不得在天线附近50m内使用电台，10m内使用对讲机等。

(3) 同一时段作业过程中，不允许对接收机进行关闭又重新启动。观测期间要防止接收机震动更不得移动，要防止人员或其他物体碰触天线或阻挡信号。

六、技术要求

(1) 天线高的测量数值精确至1mm。观测前后两次天线高测量结果之差应不大于3mm。

(2) 3台接收机连续同步采集时段长度不少于40min。

七、观测记录（见表 2 - 16）

表 2 - 16　　　　　　　　GPS 测量记录表

日期　　　　　　天气　　　　　　观测者　　　　　　记录者

点号	仪器编号	测前天线高（m）	测前天线高（m）	平均天线高（m）	开始记录时间	结束记录时间	x（m）	y（m）	z（m）

实验十三　视　距　测　量

一、实验目的

掌握经纬仪视距法测定碎部点与测站点间的高差与水平距离的方法。

二、实验器具

经纬仪、视距尺、计算器、记录板。

三、实验内容

安置仪器于测站上，每组同学各人轮换测量周围五个固定点（自己选定点后做标记），将观测数据记录在视距测量观测数据记录表中，用电子计算器计算出水平距离和高差。

四、实验要求

水平角、竖直角读数到分，水平距离计算至0.1m，高差计算至0.01m。

五、观测记录（见表2-17）

表2-17　视距测量观测数据记录表

日　　期：　　天　　气：　　观测者：　　记录者：

测站名称：　　测站高程：　　仪器高：　　仪器型号：

测点	下丝读数（m）	视距间隔	中丝读数	竖盘读数	竖直角	水平距离	初算高差	高差	测点高程
	上丝读数（m）	（m）	（m）	（° ′ ″）	（° ′ ″）	D（m）	h'（m）	h（m）	H（m）

实验十四　罗盘仪测定直线的方位角

一、实验目的

掌握使用罗盘仪测定直线的方位角（磁方位角）。

二、实验器具

罗盘仪、花杆、记录板。

三、实验内容

（1）了解罗盘仪各部分的构造与作用。

（2）练习罗盘仪的安置、瞄准目标与读数。

（3）利用罗盘仪测定直线的正反方位角（磁方位角）。

四、实验要求

每组在地面上选定相对距离较远的三个点，构成一个三角形，每人对三角形一直线边进行正、反方位角观测。

五、观测记录（见表 2-18）

表 2-18　　罗盘仪测定直线方向记录表

仪器号码：　　天气：　　观测者：

日　期：　　时间：　　记录者：

次序	直线起讫点号	正方位角 ($\alpha_{正}$)	反方位角 ($\alpha_{反}$)	差值 $\alpha_{正}-(\alpha_{反}\pm180°)$	正、反平均值 $\frac{\alpha_{正}+(\alpha_{反}\pm180°)}{2}$	各次平均值
	——					
	——					
	——					
	——					

六、绘制草图

按大致方向绘制三角形草图，标注各边正反方位角和三角形内角值（见表 2-19）。

表 2-19　　实 验 十 四 草 图

草图	

实验十五　四等水准测量

一、实验目的

(1) 掌握用双面水准尺进行水准测量的观测、记录计算和校核计算方法。

(2) 熟悉四等水准测量的主要技术指标、观测方法。

二、实验器具

水准仪、双面水准尺、尺垫、计算器、记录板。

三、实验内容

(1) 用四等水准测量方法观测一条闭合水准路线。

(2) 进行高差闭合差的调整与高程计算（见表 2-20）。

表 2-20　水准路线高差闭合差调整与高程计算

点号	距离 (m)	测站数 N	测得高差 (m)	高差改正数 (mm)	改正后高差 (m)	高程 (m)	备注
Σ							

$\Delta h=$

$\Delta h_{允}=$

四、实验要求

(1) 视线长度≤100m、前后视距差≤5m、前后视距差的累积差≤10m、视线高度≥0.3m、黑红面读数差≤3mm、黑红面高差之差≤5mm。

(2) 每组至少观测 4～6 站，组成一个闭合路线。

五、注意事项

(1) 水准尺应完全竖直，最好用有水准器的水准尺。

(2) 每站观测结束后应立即计算检核，如有超限则重测该测站。

六、观测记录（见表 2-21）

表 2-21　　四等水准测量记录表

测自　　至　　　　仪器型号：　　　　观测者：

年　月　日　　　　天　　气：　　　　记录者：

测站编号	后尺 大丝 / 小丝 后距（m） 前后视距离差（m）	前尺 大丝 / 小丝 前距（m） 累积差（m）	方向及尺号	水准尺读数（m）黑色面	水准尺读数（m）红色面	K＋黑－红（mm）	高差中数（m）	备注
	(1)	(4)	后	(3)	(8)	(13)	(18)	$K_1=$ $K_2=$
	(2)	(5)	前	(6)	(7)	(14)		
	(9)	(10)	后－前	(16)	(17)	(15)		
	(11)	(12)						
校核	Σ（9）＝ Σ（10）＝			Σ（3）＝ Σ（6）＝ Σ（16）＝	Σ（8）＝ Σ（7）＝ Σ（17）＝		Σ（18）＝	
	（12）末站＝ 总距离＝			$\frac{1}{2}$〔Σ（16）＋Σ（17）±0.100〕＝				

实验十六　一个测站的碎部测量——经纬仪测绘法

一、实验目的

掌握一个测站上用经纬仪测绘法测绘地形的方法，测图比例尺 1∶500。

二、实验器具

经纬仪、水准尺、花杆、计算器、比例尺、地形半圆仪、图板、图纸、绣花针。

三、实验内容

（1）在一个导线点上施测周围的地物和地貌点，采用边测边绘的方法（碎部测量记录见表 2-22）。

表 2-22　　碎部测量记录表

名　称：　　测　区：　　仪器型号：　　观测者：　　记　录　者：
日　期：　　天　气：　　测　站：　　定向点：　　测站高程 H：
仪器高 i：　　乘常数 K：　　指 标 差 x：

<table>
<tr><th rowspan="3">测点</th><th rowspan="3">水平角</th><th colspan="2">尺上读数</th><th rowspan="3">视距间隔</th><th colspan="3">竖直角 α</th><th colspan="3">高差（m）</th><th rowspan="3">水平距离 D</th><th rowspan="3">测点高程 H</th><th rowspan="3">备注</th></tr>
<tr><th rowspan="2">中丝 s</th><th>下丝</th><th rowspan="2">竖盘读数</th><th rowspan="2">竖直角</th><th rowspan="2">改正后竖直角</th><th rowspan="2">h′（初算值）</th><th rowspan="2">i−s</th><th rowspan="2">h</th></tr>
<tr><th>上丝</th></tr>
<tr><td rowspan="2"></td><td rowspan="2"></td><td rowspan="2"></td><td></td><td rowspan="2"></td><td rowspan="2"></td><td rowspan="2"></td><td rowspan="2"></td><td rowspan="2"></td><td rowspan="2"></td><td rowspan="2"></td><td rowspan="2"></td><td rowspan="2"></td><td rowspan="2"></td></tr>
<tr><td></td></tr>
<tr><td rowspan="2"></td><td rowspan="2"></td><td rowspan="2"></td><td></td><td rowspan="2"></td><td rowspan="2"></td><td rowspan="2"></td><td rowspan="2"></td><td rowspan="2"></td><td rowspan="2"></td><td rowspan="2"></td><td rowspan="2"></td><td rowspan="2"></td><td rowspan="2"></td></tr>
<tr><td></td></tr>
<tr><td rowspan="2"></td><td rowspan="2"></td><td rowspan="2"></td><td></td><td rowspan="2"></td><td rowspan="2"></td><td rowspan="2"></td><td rowspan="2"></td><td rowspan="2"></td><td rowspan="2"></td><td rowspan="2"></td><td rowspan="2"></td><td rowspan="2"></td><td rowspan="2"></td></tr>
<tr><td></td></tr>
<tr><td rowspan="2"></td><td rowspan="2"></td><td rowspan="2"></td><td></td><td rowspan="2"></td><td rowspan="2"></td><td rowspan="2"></td><td rowspan="2"></td><td rowspan="2"></td><td rowspan="2"></td><td rowspan="2"></td><td rowspan="2"></td><td rowspan="2"></td><td rowspan="2"></td></tr>
<tr><td></td></tr>
<tr><td rowspan="2"></td><td rowspan="2"></td><td rowspan="2"></td><td></td><td rowspan="2"></td><td rowspan="2"></td><td rowspan="2"></td><td rowspan="2"></td><td rowspan="2"></td><td rowspan="2"></td><td rowspan="2"></td><td rowspan="2"></td><td rowspan="2"></td><td rowspan="2"></td></tr>
<tr><td></td></tr>
<tr><td rowspan="2"></td><td rowspan="2"></td><td rowspan="2"></td><td></td><td rowspan="2"></td><td rowspan="2"></td><td rowspan="2"></td><td rowspan="2"></td><td rowspan="2"></td><td rowspan="2"></td><td rowspan="2"></td><td rowspan="2"></td><td rowspan="2"></td><td rowspan="2"></td></tr>
<tr><td></td></tr>
<tr><td rowspan="2"></td><td rowspan="2"></td><td rowspan="2"></td><td></td><td rowspan="2"></td><td rowspan="2"></td><td rowspan="2"></td><td rowspan="2"></td><td rowspan="2"></td><td rowspan="2"></td><td rowspan="2"></td><td rowspan="2"></td><td rowspan="2"></td><td rowspan="2"></td></tr>
<tr><td></td></tr>
<tr><td rowspan="2"></td><td rowspan="2"></td><td rowspan="2"></td><td></td><td rowspan="2"></td><td rowspan="2"></td><td rowspan="2"></td><td rowspan="2"></td><td rowspan="2"></td><td rowspan="2"></td><td rowspan="2"></td><td rowspan="2"></td><td rowspan="2"></td><td rowspan="2"></td></tr>
<tr><td></td></tr>
<tr><td rowspan="2"></td><td rowspan="2"></td><td rowspan="2"></td><td></td><td rowspan="2"></td><td rowspan="2"></td><td rowspan="2"></td><td rowspan="2"></td><td rowspan="2"></td><td rowspan="2"></td><td rowspan="2"></td><td rowspan="2"></td><td rowspan="2"></td><td rowspan="2"></td></tr>
<tr><td></td></tr>
</table>

续表

测点	水平角	尺上读数		视距间隔	竖直角 α			高差（m）			水平距离 D	测点高程 H	备注
		中丝 s	下丝 上丝		竖盘读数	竖直角	改正后竖直角	h'（初算值）	$i-s$	h			

（2）根据地物特征点勾绘地物轮廓线；根据地貌特征点按等高距为 1m，用内插法勾绘等高线。

四、实验要求

（1）在实验场地上选定 A、B 两点作为导线点，A 点作测站点，B 点作定向点。测站点高程可用假定高程，仪器高用钢卷尺量并精确到 cm。

（2）观测时，水平角读到分，上、下丝读到 mm，竖盘读数读到分；计算时，水平距离计算到 dm，高差、高程计算到 cm。

（3）测绘完部分碎部点后，应检验起始方向是否正确，回零差不要超过 $2'$。

（4）展绘碎部点时，应及时注记高程，注记时碎部点的点位兼作高程的小数点，并且字头一律朝北。勾绘地形图时应参照现场实际情况。

五、注意事项

（1）经纬仪的指标差应进行检验与校正，指标差应不大于 $1'$。

（2）应随测、随算、随绘。

（3）观测若干点后经纬仪应进行归零检查，如偏差大于 $4'$时应检查所测碎部点。

（4）绘碎部点方向线时应轻、细，同一站测完碎部点后应擦去。

（5）相近的碎部点，如高程变化较小可不必每点注记高程。

（6）选择碎部点应选择地物地貌特征点。

六、观测记录

实验十七　全站仪数字测图外业数据采集

一、实验目的

掌握用全站仪的程序进行碎部点数据采集，并利用内存记录数据的方法，掌握全站仪和计算机之间进行数据传输的方法，并学会画草图（见表 2-23）。

表 2-23　　**数字化测图数据采集记录表**

仪器编号　　测站　　天气　　观测者

日　期　　年　月　日　　仪高　　记录着

目标点	x（m）	y（m）	H（m）	示意图

二、实验组织

（1）时数：建议课内 2 学时，课外 2 学时。

（2）组织：4 人为一组。

三、实验设备

（1）每组全站仪 1 台，数据电缆 1 根，脚架 1 个，棱镜杆 1 根，棱镜 1 个，钢卷尺（2m）1 把。

（2）自备：铅笔。

四、实验方法及步骤

1. 野外数据采集

用全站仪进行数据采集可采用三维坐标测量方式。测量时，应有一位同学绘制草图。草图上须标注碎部点点号（与仪器中记录的点号对应）及属性。

（1）安置全站仪 对中整平，量取仪器高，检查中心连接螺旋是否旋紧。

（2）打开全站仪电源，并检查仪器是否正常。

（3）建立控制点坐标文件，并输入坐标数据。

（4）建立（打开）碎部点文件。

（5）设置测站 选择测站点点号或输入测站点坐标，输入仪器高并记录。

（6）定向和定向检查 选择已知后视点或后视方位进行定向，并选择其他已知点进行定向检查。

（7）碎部测量 测定各个碎部点的三维坐标并记录在全站仪内存中，记录时注意棱镜高、点号和编码的正确性。

（8）归零检查 每站测量一定数量的碎部点后，应进行归零检查，归零差不得大于1′。

2. 全站仪数据传输

（1）利用数据传输电缆将全站仪与电脑进行连接。

（2）运行数据传输软件，并设置通讯参数（端口号、波特率、奇偶校验等）。

（3）进行数据传输，并保存到文件中。

（4）进行数据格式转换。将传输到计算机中的数据转换成内业处理软件能够识别的格式。

五、注意事项

（1）在作业前应做好准备工作，将全站仪的电池充足电。

（2）使用全站仪时，应严格遵守操作规程，注意爱护仪器。

（3）外业数据采集后，应及时将全站仪数据导出到计算机中并备份。

（4）用电缆连接全站仪和电脑时，应注意关闭全站仪电源，并注意正确的连接方法。

（5）拔出电缆时，注意关闭全站仪电源，并注意正确的拔出方法。

（6）控制点数据、数据传输和成图软件由指导教师提供。

（7）小组每个成员应轮流操作，掌握在一个测站上进行外业数据采集的方法。

六、上交资料

实验结束后将测量实验报告以小组为单位装订成册上交，同时各组提交电子版的原始数据文件和图形文件。

实验十八 施工放样基本工作——点的平面位置和高程测设

一、实验目的

掌握用极坐标法进行点的平面位置测设和用水准仪进行设计高程的测设。

二、实验器具

经纬仪（或全站仪）、水准仪、水准尺（或棱镜）、钢尺、花杆、木桩、测钎、斧头、计算器、记录板。

三、实验内容

（1）计算准备点平面位置（用极坐标法）的放样数据并进行测设。

（2）计算准备点设计高程的放样数据并进行测设。

四、实验要求

（1）按所给的假定条件和数据，实验前计算出放样数据。

（2）根据计算出的数据进行测设，每组测设 2 个点。

（3）计算完毕和测设完毕后，都必须进行认真的校核。

五、注意事项

测设完毕后要进行检测，测设的误差超限时应重测，并做好记录。检核时，角度测设的限差不大于±40"，距离测设的相对误差不大于 1/3000，高程测设的限差不大于±8mm。

六、点位测设记录

1. 计算用极坐标法放样的测设数据

假定控制边 AB 起点 A 的坐标为 $x_A=56.56\text{m}$，$y_A=70.65\text{m}$，控制边的方位角 $\alpha_{AB}=90°$；已知建筑物轴线上点 1 和点 2 的距离为 15.00m，其设计坐标见式（2-2）、式（2-3），即

$$\begin{cases} x_1 = 71.56(\text{m}) \\ y_1 = 70.65(\text{m}) \end{cases} \tag{2-2}$$

$$\begin{cases} x_2 = 71.56(\text{m}) \\ y_2 = 85.65(\text{m}) \end{cases} \tag{2-3}$$

计算测设数据（见表 2-24）。

表 2-24　　测设数据计算表

$\tan\alpha_{A1}=$ ____________ $=$	$\alpha_{A1}=$
$\tan\alpha_{A2}=$ ____________ $=$	$\alpha_{A2}=$
$d_{A1}=$ ____________ $=$	$d_{A2}=$ ____________ $=$
计算校核：$d_{A1}=$ ____________ $=$	$d_{A2}=$ ____________ $=$
$\beta_1=\alpha_{A1}-\alpha_{AB}=$	
$\beta_2=\alpha_{A2}-\alpha_{AB}=$	

测设后经检查，点 1 与点 2 的距离 $d_{12}=$____________。

与已知值 15.00m 相差____________cm。

2. 计算高程放样数据（见表 2-25）

假设点 1 和点 2 的设计高程为：$H_1=50.000\text{m}$，$H_2=50.100\text{m}$。

控制点 A 的高程 H_A，可结合放样场地情况，自己假设 $H_A=$__________。

计算前视尺读数见式（2-4）、式（2-5），即

$$b_1 = H_A + a_1 - H_1 \tag{2-4}$$

$$b_2 = H_A + a_2 - H_2 \tag{2-5}$$

测设后经检查，1 点和 2 点高差：

$$h_{12}=\_\_\_\_\_\_\text{mm}。$$

表 2-25 高程测设记录表

日　期　　　　天气　　　　观测者

仪器型号　　　　　　　　　记录者

水准点	水准点高程（m）	后视读数（m）	视线高程（m）	测设点高程	设计高程（m）	前视应读数（m）	备注

3. 测设步骤

（1）布置场地：每组沿西东方向选择间距为 20～30m 的 A、B 两点，在点位上打木桩并钉小钉（或标记），以 A、B 两点的连线为测设角度已知方向线。

（2）测设水平角和水平距离：在 A 点安置仪器，盘左位置照准 B 点并定向 AB 水平方向值为 0°00′00″，顺时针转动照准部使水平度盘读数为 β_1，在此方向线上以 A 为起点量取水平距离 d_{A1} 后确定点 P_1；同样在盘右位置测设水平角 β_1 和水平距离 d_{A1} 再定一点 P_2，如果 P_1，P_2 不重合，取其中点 P 即为按规定角度和距离测设的点 1 的位置。最后以点 P 为准，检核所测角度和距离，如果与规定的角度 β_1 和距离 d_{A1} 之差在限差范围内，则符合要求。同理可放出点 2 的位置并检核 d_{12}。

（3）测设高程：在控制点 A 和点 P（点 1）中间安置水准仪，A 点竖立水准尺，读取 A 点水准尺上的读数（后视）为 a_1，在 P 点（点 1）竖立水准尺上的读数 $b_1=H_A+a_1-H_1$，用逐渐打入木桩或在木桩一侧画线的方法，使立在 P 点桩位上水准尺的读数等于 b_1（前视），此时水准尺零线的高程就是预测设的高程 H_P（点 1 的 H_1），同理可放样点 1 的高程。

实验十九 已知高程和坡度线的测设

一、实验目的

掌握已知高程和坡度线的测设方法。

二、实验器具

每组 DS_3 水准仪一台，水准尺、皮尺、榔头各一把，木桩若干。

三、实验内容

计算准备点设计高程的放样数据并进行测设，练习测设坡度线。高程测设的限差不大于±8mm。

四、实验要求

已知 A，B 两点相距 60m，AB 的坡度为－1%，H_A 为 20.000m，要求每隔 10m 定一点并使各点的高程在同一坡度线－1%上。

五、注意事项

(1) 测设高程时。每次读数前均应是符合气泡严格符合。

(2) 在测设各桩顶点高程过程中，当打入木桩接近设计高程时应缓慢打入，以免过头。

六、测设记录与计算

1. B 点测设数据计算

(1) 已知 A，B 两点相距 60m，AB 的坡度为－1%，H_A为 20.000m，计算 H_B=____。

(2) 计算前视尺读数：$b=H_A+a-H_B=$________。

2. 测设记录（见表 2-26～表 2-28）

表 2-26 高程测设记录表

日期 天气 观测者

仪器型号 记录者

水准点	水准点高程（m）	后视读数（m）	视线高程（m）	测设点好	设计高程（m）	前视应读数（m）	备注

表 2-27 高程检测表

点好	后视读数（m）	前视读数（m）	高差（m）	高程（m）	备注

表 2-28 测设已知坡度线

坡度长	设计坡度	起点高程	终点高程		
桩号	仪器高（m）	尺上读数（m）	填（m）	挖（m）	备注

七、测设步骤

1. A、B 定点

在实验场地上选择相距为 60m 的两点 A、B。先选一点 A，打上木桩。然后选一方向，在此方向上量取 60m，定出 B 点。

2. B 点高程测设

（1）在点 A 和点 B 中间安置水准仪，A 点竖立水准尺，读取 A 点水准尺上的读数（后视）为 a，则仪器的视线高程 $H_i = H_A + a$。

（2）在 B 点竖立水准尺上的读数 $b = H_A + a_1 - H_B$，用逐渐打入木桩或在木桩一侧画线的方法，使立在 B 点桩位上水准尺的读数等于 b（前视），此时水准尺零线的高程就是预测设的高程 H_B。

（3）测量 A、B 两点的高差 h_{AB}，使观测值和设计值在限差范围内。

3. AB 坡度线的测设

（1）将水准仪安置在 A 点并使水准仪基座上的一只脚螺旋固定在 AB 方向上的连线与 AB 方向垂直，量取仪高 i。

（2）将望远镜瞄准立于 B 点的水准尺，调整在 AB 方向上的脚螺旋使十字丝的中丝在水准尺上的读数为仪器高 i，总之，使仪器的视线平行于所设计的坡度线。

（3）然后 AB 中间每隔 10m 定出 1、2、3…各点，打入木桩，并各点的桩上立水准尺，只要各点水准尺上的读数为 i，则尺子底部即位于设计坡度线上。

实验二十 用全站仪进行距离及坐标放样

一、目的和要求

(1) 熟悉全站仪的操作界面及作用。

(2) 掌握全站仪的距离放样和坐标放样。

二、仪器和工具

全站仪 1 台，脚架 1 个、棱镜 1 套。

三、实验组织

(1) 建议学 2 学时。

(2) 组织：3、4 人为一组。

四、方法与步骤

(1) 在地面假定一点坐标为 O（0，0）。

(2) 用距离放样北向放 20m 定点坐标为 A（20，0），将 A 点作为后视点已知点。

(3) 用坐标放样待定点 B（20，20），C（0，20）。

(4) $OABC$ 为一个正方形。

(5) 放样后在 B、C 点用全站仪测水平角是否为 90°检核。

五、注意事项

(1) 近距离将仪器和脚架一起搬动时，应保持仪器竖直向上。

(2) 换电池前必须关机。

(3) 全站仪是精密贵重的测量仪器，要防日晒、防雨淋、防碰撞震动。严禁仪器直接照准太阳。

实验二十一 圆曲线的测设

一、实验目的

掌握应用偏角法或应用直角坐标法测设圆曲线。

二、实验器具

经纬仪、花杆、测钎、皮尺、木桩、计算器、记录板。

三、实验内容

(1) 在现场选定两条相交折线并安置经纬仪在转折点上，测定其转折角 α，并假定转折点的桩号。选定一个适当的半径 R。在转折点处测设一个圆曲线。

(2) 圆曲线三主点的数据计算和测设。

(3) 圆曲线细部点的数据计算和测设。

四、实验要求

(1) 每 5m 弧长测设一个细部点。

(2) 圆曲线细部放样到终点时，角度拟合误差≤3′，距离拟合误差 $\Delta S/L \leqslant 1/1000$（式中 ΔS 为与终点不拟合相差的距离；L 为曲线长度）。

五、圆曲线测设记录

(一) 计算圆曲线元素及主点桩桩号

转折点桩号： 转折角 α= 曲线半径 R=

T= 曲线起点桩号：

L= 终点桩号：

E= 中点桩号：

圆曲线元素计算见式 (2-6) ～式 (2-8)：

$$T = R\tan\frac{\alpha}{2} \tag{2-6}$$

$$L = R\times\alpha\times\frac{\pi}{180} \tag{2-7}$$

$$E = R\left(\sec\frac{\alpha}{2}-1\right) \tag{2-8}$$

(二) 主点测设

(1) 置仪器于转折点；

(2) 瞄准起点方向，仪器度盘对零，在此方向上丈量切线长 T，地上标定出起点；

(3) 水平盘读数配置 $180°-\alpha$，在此方向上丈量切线长 T，地上标定出终点；

(4) 水平盘读数配置 $(180°-\alpha)/2$，在此方向上丈量外矢矩 E，地上标定出中点。

(三) 细部点测设数据计算及测设检查

1. 直角坐标法

(1) 曲线细部点坐标计算见表 2-29。

表 2-29　曲线细部点坐标计算表

距起（终）点弧长	$i=1$ 5m	$i=2$ 10m	$i=3$ 15m	20m	25m	30m	曲线终点（或起点）
x							
y							

计算公式见式（2-9）

$$\begin{cases} x_i = R \cdot \sin\varphi_i \qquad \varphi_i = \dfrac{l}{R} \cdot \dfrac{180^\circ}{\pi} \qquad l = \text{弧长}(5\text{m}) \\ y_i = R - R \cdot \cos\varphi_i \quad i = 1, 2, 3, \cdots \end{cases} \tag{2-9}$$

（2）测设的检查。以曲线起（终）点为坐标原点，切线为 x 轴，用直角坐标法测设圆曲线细部点。检查终点拟合误差：

角度误差=______________，

距离误差=______________，

2. 偏角法

（1）偏角计算见表 2-30。

表 2-30　曲线细部点偏角计算表

桩号	偏角	测设时度盘读数	备　注
起点（或终点）	（°　′　″）	（°　′　″）	$l_1=$　　$s_1=$ $l=5.0\text{m}$　　$s=$ $l_2=$　　$s_2=$ 计算公式： $\dfrac{\varphi_1}{2}=\dfrac{l_1}{2R}\cdot\dfrac{180^\circ}{\pi}$　　$s_1=2R\sin\dfrac{\varphi_1}{2}$ $\dfrac{\varphi}{2}=\dfrac{l}{2R}\cdot\dfrac{180^\circ}{\pi}$　　$s=2R\sin\dfrac{\varphi}{2}$ $\dfrac{\varphi_2}{2}=\dfrac{l_2}{2R}\cdot\dfrac{180^\circ}{\pi}$　　$s_2=2R\sin\dfrac{\varphi_2}{2}$

（2）测设检查。从曲线起点开始测设圆曲线细部点。检查终点拟合误差：

角度误差=__________________；

距离误差=__________________。

实验二十二　渠道纵横断面测量

一、实验目的

掌握渠道纵横断面测量的一般方法。

二、实验器具

水准仪、水准尺、花杆、皮尺、木桩、木锤、记录板。

三、实验内容

（1）选约 300m 长的路线，每 20～50m 打一里程桩，地面坡度变化处打加桩。

（2）对所选定的路线进行纵横断面水准测量。

（3）根据纵横断面外业资料绘制渠道纵横断面图并按设计坡度与渠首高程及标准横断面图设计渠道。

（4）进行渠道土方计算。

四、实验要求

（1）由一水准点开始，往返施测各桩的地面高程。往返测量的高程闭合差应小于$\pm 10\sqrt{n}$mm，并进行高差调整和高程计算。

（2）遇渠线转折处，只测设曲线三主点而曲线细部点可不测设。

（3）横断面个数可每人施测一个，宽度视情况取 4～10m。

五、断面测量记录与计算

1. 纵断面水准测量（见表 2-31）

表 2-31　　纵断面水准测量记录表

日期：　　　　仪器型号：　　　　观测者：
时间：　　　　天　　气：　　　　记录者：

测站	测点	后视 a（m）	视线高程（m）	前视（m）		高程（m）	备注
				转点 b	中间点		
	校核	$\Sigma a=$ $\Sigma b=$	$H_{终}=$ $H_{起}=$				

2. 横断面水准测量（见表 2-32）

表 2-32　　横断面测量记录表

日期：　　　　观测者：　　　　记录者：

左（高差/距离）	中 心 桩 号	右（高差/距离）

3. 渠道纵横断面设计

在方格纸上进行设计。纵断面设计时，纵横比例尺、渠首设计高程、渠底坡度以及横断面设计时的标准设计断面可由指导教师给出，或由教师提出要求，由学生自行设计。

4. 土方计算（见表 2-33）

表 2-33　　土 方 计 算 表

计算者__________校核者__________　____年___月___日

桩号	地面高程（m）	设计渠底高程（m）	中心桩		断面面积		平均面积		距离（m）	体积		备注
			填高（m）	挖深（m）	填（m^2）	挖（m^2）	填（m^2）	挖（m^2）		填（m^3）	挖（m^3）	
							合计					

实验二十三　GPS-RTK进行已知坐标点放样与碎部测量

一、实验目的

（1）了解GPS-RTK仪器的系统组成与作业过程。

（2）学习利用GPS-RTK仪器进行碎部测量和放样的方法。

二、实验计划和内容

（1）建议学时数2学时，每实验小组由4人组成。

（2）每组完成一次参考站设置，测量4个碎部点坐标，放样4个已知坐标点。

三、实验仪器

每实验小组的实验器材包括参考站和流动站两部分。参考站器材包括：双频GPS-RTK接收机套件，数据发送电台套件，电源、背包；流动站器材包括：双频GPS-RTK接收机套件、数据接收电台套件，电源、背包、手持控制器、对中杆等。

四、实验方法

（1）在参考站上安置GPS-RTK接收机，将天线、电源、手持控制器和电台与接收机连接。

（2）通过手持控制器进行GPS-RTK相关设置后输入参考站已知坐标和天线高，启动参考站接收机。

（3）将流动站GPS-RTK接收机与天线、电台、电源、控制器等正确连接。

（4）进行RTK测量初始化。初始化可以采用静态、OTF（运动中初始化）两种方法。初始化时间长短与距离参考站的距离有关，两者距离越近，初始化时间越短。推荐采用静态初始化方式，OTF方式一般在测量船、汽车等运动载体上使用。初始化成功后，RTK启动完成，即可进行测量与放样。

五、注意事项

（1）GPS-RTK仪器系统的仪器设备较多，首先应在指导教师的介绍下认识仪器，掌握仪器系统各部件的电路连接和使用方法，然后开始进行RTK测量与放样。

（2）参考站应选择安置在地势较高的控制点上，周围无高度角超过15°的障碍物和强烈干扰卫星信号或反射卫星信号的物体。

（3）流动站初始化应该选在比较开阔的地点进行。

（4）注意正确输入参考站的相关数据，包括点名、坐标、高程、天线高等。

六、技术要求

（1）检验点的平面位置较差不大于图上0.2mm，高程较差不大于基本等高距的1/5，

（2）参考站接收机对中误差不大于5mm，天线高的量取精确至1mm。

七、实验记录（见表 2-34、表 2-35）

表 2-34　　GPS-RTK 工程放样记录表

日　　期　　　　天气　　　　观测者
仪器编号　　　　　　　　　　记录者

点号	已知坐标值（m）		测设坐标值（m）		坐标差（mm）		测设略图
	x	y	x	y	Δx	Δy	

表 2-35　　GPS-RTK 碎部测量记录表

日　　期　　　　天气　　　　观测者
仪器编号　　　　　　　　　　记录者

参考站	$x=$	$y=$	$H=$	天线高=
流动站	x（m）	y（m）	H（m）	天线高（m）

第三章　Excel 在平面控制坐标计算中的应用

本部分内容可安排 4～6 学时上机计算。

第一节　Excel 简介

Microsoft Excel 是微软公司办公软件 Microsoft office 的组件之一，是由 Microsoft 为 Windows 和 Apple Macintosh 操作系统的电脑而编写和运行的一款计算表格软件，能够很方便地通过各种电子表格，使用公式和函数对数据进行多种运算，并用图表表示出来，数据计算过程直观明了。Excel 具有强大的功能和良好的人机交互对话界面，适用于处理各类数据和报表，能够方便迅速地制作复杂的图表，用户可以使用公式进行各种运算，是工程计算的有效方法之一，因此，在工程测量学计算中也有着广泛的应用前景。

一、Excel 的启动

Excel 是在 Windows 操作系统中的一个应用软件。因此，需要在 Win7、Win8 或 Win10 等系统中安装，安装 Excel 可参阅有关 Excel 专用工具书。启动 Excel 的步骤是：

（1）打开计算机，启动 Win10。

（2）单击左下角的“开始”按钮，移动鼠标，使指针移动到“程序”项上，程序子菜单将出现 Microsoft Excel；

（3）单击“Microsoft Excel”选项，Excel 开始启动。在 Excel 中制作完成工作表以后，用户如需要退出 Excel，只要单击屏幕右上角的“x”按钮，或单击“文件”菜单中的“退出”即可。如果生成了快捷方式，则在 Windows 桌面上双击即可进入。

二、Excel 窗口基本元素简介

在界面 1 所表示的 Excel 工作表编辑界面中，有一些窗口基本元素，如菜单、工作表、状态栏、滚动条、工作表标签、工具栏、行号、列号及单元格等（见图 3 - 1）。

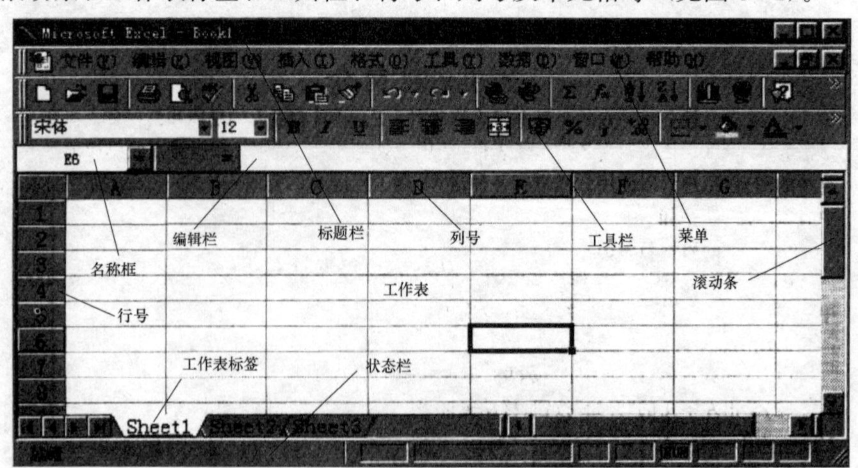

图 3 - 1　Excel 窗口基本元素（界面 1）

1. 标题栏

标题栏位于窗口的最上端。标题栏中注有“Microsoft Excel－工作簿名称”，标题栏中工作表名称是当前工作表的名称。

2. 菜单

标题栏下面是菜单条。菜单条中有很多选项，分别是“文件”“编辑”“视图”“插入”“格式”“工具”“数据”“窗口”和“帮助”。要选择菜单命令，只要单击相应的选项，在下拉菜单中单击相应的命令即可。

3. 工具栏

工具栏位于菜单条的下方，它由一些命令按钮组成。命令按钮表面是画有一定图案的功能按钮，使用命令按钮比使用菜单方便、快捷、直观、便于记忆。

4. 编辑栏

编辑栏位于工作表的上部，由名称框和公式栏组成。当选择单元格或区域时，名称框将显示相应的地址或区域名称。在编辑单元格数据时，编辑框会显示单元格中的文字、数值或公式。当向单元格输入数据时，编辑栏中将显示“输入”按钮和“取消”按钮。

5. 工作表

工作表是由单元格组成的数据表格。每个单元格都有行号和列号，行号位于行的左端，列号位于列的上面。行号从上到下的顺序是“1，2，3，…”，列号从左到右的顺序是“A，B，C，…”，单元格号是“A1，A2，B5，C7，…”。单元格被选中，名称框和公式栏分别显示它的地址和数据。

6. 工作表标签

每个工作簿可以分有多个工作表，每个工作表都有一个标签，标签上标注着工作表名，如 Sheet1，Sheet2，Sheet3…。单击标签可以选择工作表，单击工作表右侧的箭头，可以使标签滚动选择工作表，右击工作表名可以重命名。

有关 Excel 软件的理论与操作详见有关计算机软件书籍。

第二节　导线测量坐标计算的 Excel 程序编制

导线测量的外业工作完成以后，随即转入内业计算。计算之前，应全面检查导线测量外业记录数据是否齐全，有无记错、算错，成果是否符合精度要求，起算数据是否准确。然后绘制导线略图，把各项数据注于图上相应位置。

导线内业计算的目的是检查外业观测成果的精度，在分配各项闭合差之后求出导线点的平面直角坐标。导线内业计算是在已获得导线网中各边的边长、导线边转折角等必要的已知数据（计算简图、外业资料、起算数据）的条件下进行计算的。

一、闭合导线坐标计算的 Excel 程序编制

1. 闭合导线坐标计算的 Excel 程序编制方法

下面结合实例介绍闭合导线平差及坐标计算软件的编制方法。其实例的外业资料和计算程序简图如界面 2 所示（见表 3-1）。打开电脑，进入 Excel 界面后，按照闭合导线坐标计算程序流程图，参照界面 2，进行程序编制。

（1）1～5 行为表头部分，包括具体计算项目名称及角度、坐标、边长名称单位等的编制。

（2）编制导线点号。在 B6 单元格将导线点号“1”键入，B7 单元格编制 B6＋1 语句后

表 3-1　闭合导线坐标计算 Excel 程序编制表(界面 2)

列B		C	D	E	F	G	H	I	J	K	L	M	N	O
行2	界面2　闭合导线坐标计算 Excel程序编制表													
3	导线点编号	水平角β					方位角	边长	增量计算值		该正后增量		坐标值	
4		观测角值				改正后角值	α	D	$\Delta X=D\times\cos\alpha$	$Y=D\times\sin\alpha\Delta$	$\Delta X'$	$\Delta Y'$	X	Y
5		(°)	(′)	(″)	(°)	(°)	(°)	(m)	(m)	(m)	(m)	(m)	(m)	(m)
6	1	121	28	0	C6+D6/60+E6/3600	F6-$F$14/$B$10	'=F16'	201.58	I6×cos(H6×π/180)	I6×sin(H6×π/180)	J6−$K$14/$I$13×I6	K6−$M$14/$I$13×I6	1000.00	1000.00
7	B6+1	108	27	0	激活F6，右下角移鼠标到"自动填充"柄黑十时向下拖动复制F6语句		H6+180+G7	263.41					N6+L6	O6+M6
8		84	10	30				241.00						
9		135	48	0				200.44						
10		90	7	30				231.32						
11	'=B6'	'=C6'	'=D6'	'=E6'		'=G6'	(与H6检)						(与N6检)	(与O6检)
12														
13	Σ				SUM(F6：F10)	复制F13(G14检)		复制F13	复制F13	复制F13	复制F13	复制F13		
14				f_β=	F13−(B10−2)×180	(B10−2)×180°			f_x=	'=J13'	f_y=	'=K13'		
15					f_β允=±	60″×POWER(B10,1/2)			f=±	POWER(POWER(K14，2)+POWER(M14，2)，1/2)				
16	$\alpha_{1,2}$	96	51	36	复制F6				K^{-1}=	POWER(K15/I13，−1)		$>K_{允}^{-1}=2000$		
17	计算简图				1 2 3 4 5 N β_1 β_2 β_3 β_4 β_5 $\alpha_{1,2}$ d_{12} d_{23} d_{34} d_{45} d_{51}		外业资料		$\beta_1=121°28'00''$	$d_{12}=201.58$	起算数据	$\alpha_{12}=96°51'36''$		
18									$\beta_2=108°27'00''$	$d_{23}=263.41$		$X_1=1000.00$		
19									$\beta_3=84°10'30''$	$d_{34}=241.00$		$Y_1=1000.00$		
20									$\beta_4=135°48'00''$	$d_{45}=200.44$				
21									$\beta_5=90°07'30''$	$d_{51}=231.32$				

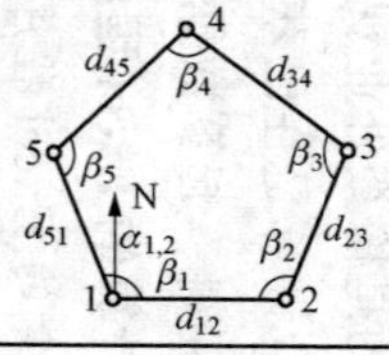

用“自动填充柄”复制该语句，实现导线点自动编号，并通过公式编辑栏在单元格B11编入单元格B6的点号，即“= B6”。

（3）输入外业资料。将各点水平角（内角）角值、各边边长、已知方位角、已知点坐标等数值键入到相对应的单元格中。其中，角度是以度分秒的形式分别存入对应的单元格中。

（4）将角度以度、分、秒的表示形式转化成以度为单位的表示形式。在编辑栏编辑公式：F6= C6+ D6 /60+ E6 /3600，即完成将角值由度、分、秒形式转化为以度为单位的表示形式，存于F6单元格中。随后激活F6单元格，将鼠标移到F6单元格的右下角，用“自动填充柄”向下拖动鼠标复制F6语句，则将其余角值也化为以度为单位的表示形式，并分别存放在F7、F8等相应的单元格中。

（5）计算角度闭合差f_β。应用SUM函数求闭合导线内角之和，存入F13单元格中，再与理论值（$n-2$）×180°相减，即得角度闭合差f_β，存入F14单元格中，并且在E14单元格中键入“$f_\beta=$”说明；G15单元格中用语句“60″×POWER（B10，1/2）”计算角度闭合差允许值$f_{\beta允}$，比较f_β与$f_{\beta允}$的大小，如果$f_\beta<f_{\beta允}$，则可进行下一步的计算；如果$f_\beta>f_{\beta允}$，说明外业观测的角度值误差超限、需找出原因解决或返工重测。

（6）计算角度改正数和改正后的角值。角度改正数$V_{\beta i}=f_\beta/n$，调整原则是“将角度闭和差f_β按平均反符号分配到各观测角值中”，改正后的角值为：$\beta_i-V_{\beta i}$。在界面2的G6单元格中计算导线点1的角度改正后角度值：编辑公式G6=F6－＄F＄14 /＄B＄10，式中“＄F＄14 /＄B＄10”是角度改正数，因各角的改正数相同，所以在公式G6中采用了绝对地址符号“＄”。击活单元格G6，将鼠标移到右下角“自动填充柄”处，向下拖动鼠标复制G6语句，则其余各角改正后的角值也被依次计算。存入相应的G6，G7，G8…单元格中。

（7）推算导线边的方位角。方位角的计算公式为$\alpha_{前}=\alpha_{后}+180°+\beta_{左}$，即前一条导线边的方位角等于后一条边的方位角加上180°和两条边所夹的左角。在界面2中，将1～2边的方位角$\alpha_{12}=96°51'36''$（已知方位角）从F16单元格中通过复制存入H6单元格中，2～3边的方位角计算公式为$\alpha_{23}=\alpha_{12}+180°+\beta_2$，在H7单元格中编辑公式：H7=H6+180°+G7计算α_{23}，然后激活单元格H7，将鼠标移到H7单元格的右下角“自动填充柄”处，向下拖动鼠标在H8，H9…单元格中分别复制H7中的语句，即可求出各边的方位角并存入相应的单元格中。

（8）计算坐标增量。坐标增量计算公式为$\Delta X_{ij}=D_{ij}\cos\alpha_{ij}$　$\Delta Y_{ij}=D_{ij}\sin\alpha_{ij}$，在J6单元格中编辑公式I6×cos（H6×π/180°）计算ΔX_{12}，存入J6单元格中，然后激活J6单元格，将鼠标移到J6单元格右下角“自动填充柄”处，向下拖动鼠标复制J6语句，则其余各边纵坐标增量值可依次算出，且存入相应的单元格J7，J8…中。同理在K6中编辑公式I6×SIN（H6×π/180°），计算各横坐标的增量值，存入相应的单元格K6，K7，K8…中。

（9）计算坐标增量闭合差。在J13单元格复制F13的求和函数SUM（J6：J10）语句计算$\Sigma\Delta X$，求得纵坐标增量闭合差$f_X=\Sigma\Delta X$。在K13单元格复制F13的求和函数SUM（K6：K10）语句计算$\Sigma\Delta Y$，求得横坐标增量闭合差$f_Y=\Sigma\Delta Y$，然后将纵横坐标增量闭合差分别重新存入单元格K14和M14中，单元格J14和L14分别键入“$f_X=$”和“$f_Y=$”。

（10）计算导线全长相对闭合差。导线全长相对闭合差K的计算公式$K=1/N$，其中$f=(f_X^2+f_Y^2)^{1/2}$，$N=\Sigma D/f$，f为导线全长闭合差。在单元格J15键入“$f=\pm$”，单元格K15调用求幂函数语句“POWER［POWER（K14，2）+POWER（M14，2），1/2］”计算导线全长闭合差$f=(f_x^2+f_y^2)^{1/2}$；在单元格J16键入“$K^{-1}=$”，单元格K16编辑

“POWER［(K15/I13)，－1］”语句，计算相对误差K^{-1}，并与K的允许值$K_{允}=1/2000$比较，如果$K<K_{允}$，则可进行下一步的计算；如果$K>K_{允}$，说明距离D观测值误差超限、需找出原因解决或返工重测。

(11) 计算改正后的坐标增量。坐标增量闭合差f_X、f_Y是按照“按边长成比例反符号”的原则进行分配的，改正后坐标增量的计算公式$\Delta X'_{ij}=\Delta X_{ij}-\frac{f_x}{\sum D}D_i$，$\Delta Y'_{ij}=\Delta Y_{ij}-\frac{f_y}{\sum D}D_i$，其中$\frac{f_x}{\sum D}D_i$和$\frac{f_y}{\sum D}D_i$分别为纵横坐标增量的改正数。在L6单元格中编辑语句“J6 －（$K$14 / $I$13） * I6”得到改正后的纵坐标增量$\Delta X'_{12}$，再利用“自动填充柄”复制方式依次计算其他各边改正后的纵坐标增量$\Delta X'_{ij}$，并存入L7、L8…单元格中；同理在M6，M7…单元格中求出改正后的各横坐标增量$\Delta Y'_{ij}$。

(12) 计算导线点的坐标值X_i、Y_i。坐标值计算公式为$X_j=X_{i-1}+\Delta X'_{ij}$、$Y_j=Y_{i-1}+\Delta Y'_{ij}$，在单元格N7中编辑公式“＝ N6＋ L6”，计算X_2。再利用“自动填充柄”复制方式，依次计算其余各纵坐标值。最后求出1点纵坐标与已知点1纵坐标起算值进行检核，即单元格N10中的值要与单元格N6中的值相等。同理计算出各横坐标值并进行检核，图3-2表示了具体计算程序的流程图。表3-2（界面3）表示了本例闭合导线坐标Excel的计算成果表。具体计算程序见图3-1。

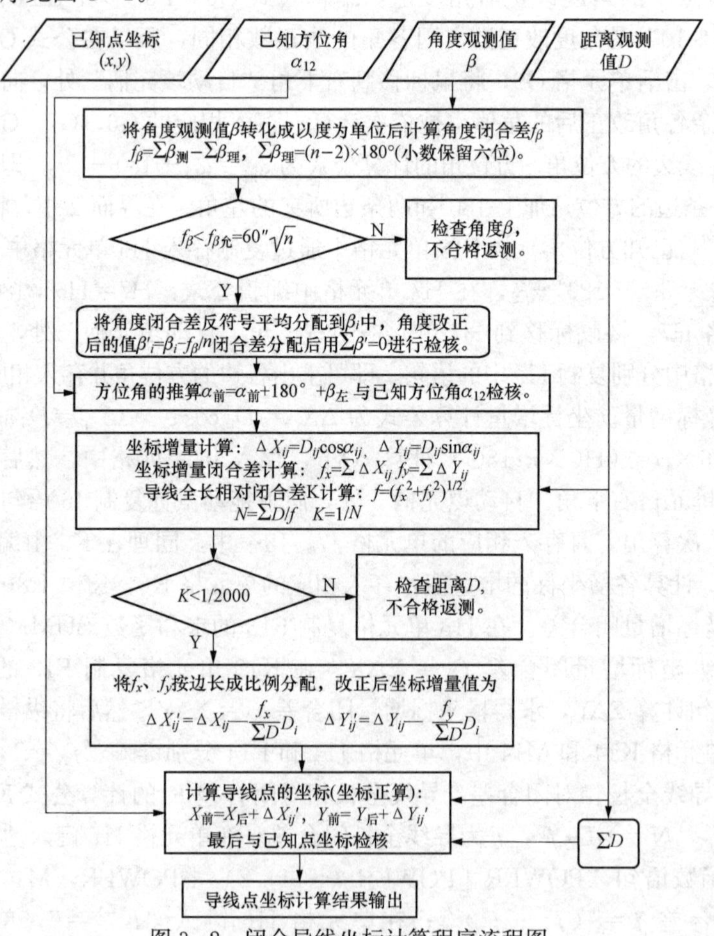

图3-2 闭合导线坐标计算程序流程图

表 3-2　　闭合导线坐标 Excel 计算表(界面 3)

测站	水平角 β					方位角	边长	增量计算值		该正后增量		坐标值	
	观测角值				改正后角值	α	D	ΔX (m)	ΔY (m)	$\Delta X'$ (m)	$\Delta Y'$ (m)	X (m)	Y (m)
	(°)	(′)	(″)	(°)	(°)								
1	121	28	0	121.466667	121.463333	96.860000	201.58	−24.08	200.14	−24.12	200.18	1000.00	1000.00
2	108	27	0	108.450000	108.446667	385.306667	263.41	238.13	112.60	238.07	112.65	975.88	1200.18
3	84	10	30	84.1750000	84.171667	649.478333	241.00	80.36	−227.21	80.31	−227.16	1213.95	1312.83
4	135	48	0	135.800000	135.796667	965.275000	200.44	−83.84	−182.06	−83.88	−182.02	1294.25	1085.67
5	90	7	30	90.125000	90.121667	1235.396667	231.32	−210.32	−96.31	−210.37	96.35	1210.37	903.65
1	121	28	0	121.466667	121.463333	1536.860000						1000.00	1000.00
Σ				540.016667	540.000000		1137.75	0.26	−0.23	0.00	0.00		
		f_β=0.016667			540.000000			f_x=	+0.26	f_y=	−0.23		
				$f_{\beta允}$=±0.037268				f=		±0.35			
$\alpha_{1,2}$	96	51	36	96.860000				K^{-1}=3276			$>K_{允}^{-1}$=2000		

经过以上步骤，闭合导线坐标计算表就编制完毕。如增加或减少闭合导线点数时，仅将表3-1做局部修改，即通过删除或增加行以及点号来实现，从而实现程序的通用性。

2. 对照表3-1解答下列问题

（1）写出B8～B10单元格的计算语句和导线点数字编号。

（2）写出Bll单元格导线点号和Cll、Dll、Ell单元格的角度值。解释‘=B6’‘=C6’，即引用某单元格值与复制语句有什么区别？

（3）写出F7～Fll和F16计算语句。

（4）解释F13单元格SUM（F6：F10）语句的含义。

（5）写出相对地址、绝对地址和混合地址表达形式．举例说明什么是相对地址、绝对地址和混合地址？

（6）如何操作使导线点编号和水平角值靠单元格上线，而使方位角和边长值靠下线？

（7）写出计算某数乘幂的函数名（英文），如何操作给某数开平方？

（8）如何给F16单元格复制F6计算语句？

（9）H6单元格方位角值的来源地址？是哪一个边的方位角？

（10）写出G13计算语句，解释计算值与G14单元格值检核的含义。

（11）写出I13计算语句，如果通过复制F13语句得到I13语句应如何操作？

（12）写出J7～J10单元格语句和K7～K10单元格语句。

（13）如何使用SUM（求和）、SIN、COS、POWER（乘幂）等函数？举例说明。

（14）计算数值的三角函数值时，数值用度还是弧度？

（15）如何在公式编辑栏中编写计算语句（公式）？以G6单元格为例说明。

（16）写出K14、M14、K15、K16单元格数据的来源。这些数据在测量学中含义是什么？

（17）解释K15、K16单元格语句中POWER函数和计算结果的含义。

（18）解释N11、O11单元格计算结果与N6、O6检核的含义。

（19）增加或减少闭合导线点数该计算程序能否通用，应做什么修改？以导线点数由5个点增至10个点为例说明。

（20）给工作表重命名。将Sheet1、Sheet2、Sheet3、Sheet4重命名为闭合导线、附合导线、三角平差和三角坐标，写出操作步骤。

二、附合导线坐标计算的Excel程序编制

1. 附和导线坐标计算的Excel程序编制方法

附合导线坐标计算Excel程序编制与闭合导线基本相同，两者的区别只是角度闭合差和坐标增量闭合差的计算公式不同。

（1）角度闭合差计算。首先由已知方位角α_{AB}和观测角β推算终边CD边的方位角α'_{CD}，$\alpha'_{CD}=\alpha_{AB}+n\times180°+\sum\beta_{测}$，然后由公式$f_\beta=\alpha'_{CD}-\alpha_{CD}$计算角度闭合差$f_\beta$，在界面4中，单元格H14和H15分别给出了终边$CD$边的方位角$\alpha'_{CD}$推算及角度闭合差的计算。

（2）坐标增量闭合差的计算。坐标增量闭合差的公式为，$f_X=\sum\Delta X_{ij}-(X_C-X_B)$，其中，$\Delta X_{ij}$为纵坐标增量和，$\Delta X_{ij}=D_{ij}\cos\alpha_{ij}$；$f_Y=\sum\Delta Y_{ij}-(Y_C-Y_B)$，$\Delta Y_{ij}$为横坐标增量和，$\Delta Y_{ij}=D_{ij}\sin\alpha_{ij}$。（$X_B$，$Y_B$）为起点$B$点的坐标，（$X_C$，$Y_C$）为终点$C$点的坐标。在表3-3中，单元格K14和M14分别给出了坐标增量闭合差f_X和f_Y的计算语句。

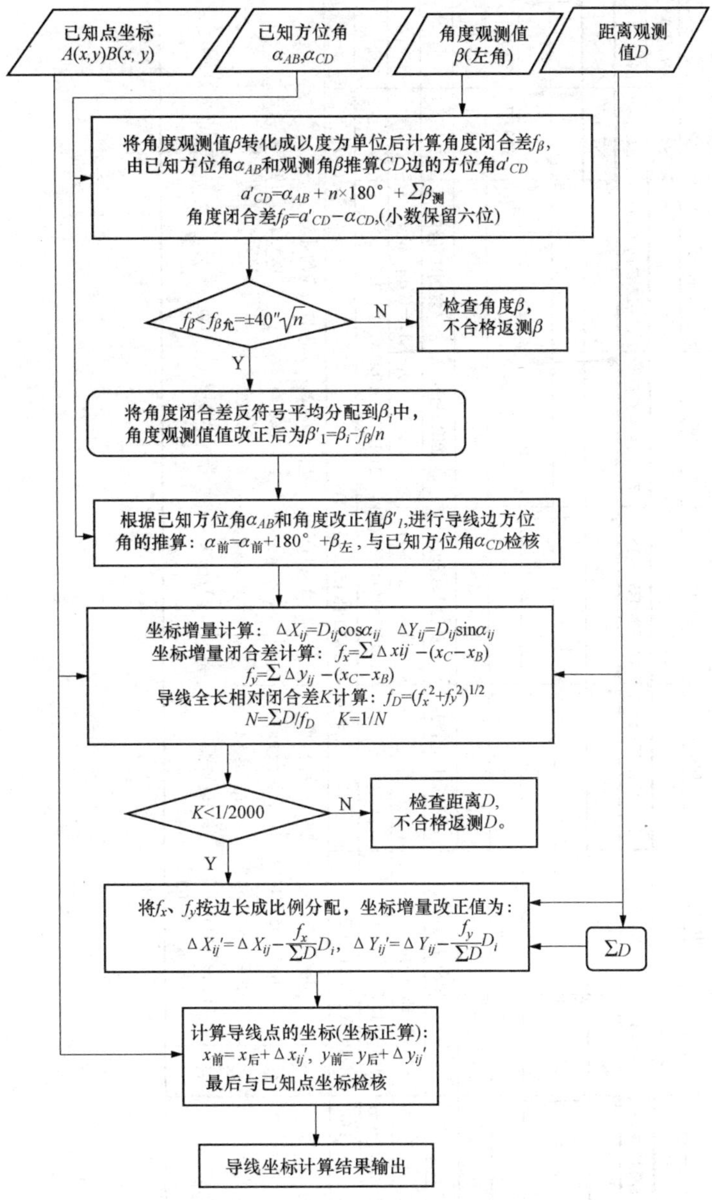

图 3-3　附合导线坐标计算流程图

编写 Excel 计算程序时，可按照附和导线坐标计算流程框图，参照表 3-3（界面 4)、表 3-4（界面 5)，进行程序编制。

2. 对照 Excel 界面 4 解答下列问题

(1) 写出 F14、F15 单元格语句，解释其含义。

(2) 解释 H7 和 H12 单元格语句，该语句执行结果分别是什么？

(3) 以 H7 单元格为例，说明引用某地址语句（公式）的操作步骤。

(4) 解释 H15 单元格语句‘H14-F15’含义。

(5) 解释 K14、M14 单元格语句的含义。

表 3-3　　附合导线坐标计算 Excel 程序编制表(界面 4)

	列B	C	D	E	F	G	H	I	J	K	L	M	N	O
行2	界面4　附合导线坐标计算 Excel程序编制表													
3	导线点编号	水平角β					方位角	边长	增量计算值		该正后增量		坐标值	
4		观测角值				改正后角值	α	D	$\Delta_X=D\times\cos\alpha$	$\Delta_Y=D\times\sin\alpha$	Δ_X'	Δ_Y'	X	Y
5		°	′	″	°	°	°	(m)	(m)	(m)	(m)	(m)	(m)	(m)
6	A												843.4	1264.29
7	1	114	17	0	C7+D7/60+E7/3600	F7−$F$15/$B$1	'=F14'	82.17	I7×COS(H7×π/180)	I7×SIN(H7×π/180)	J7−$K$14/$I$13×I7	K7−$M$14/$I$13×I7	640.39	1068.44
8	B7+1	146	59	30	击活F7，右下角移鼠标到"自动填充"柄黑╋时向下拖动复制F7语句		H6+180+G7	77.28					N7+L7	O7+M7
9		135	11	30				89.64						
10		145	38	30				79.84						
11		158	0	0									589.97	1307.87
12	D						(与F15检)						793.61	1399.19
13	Σ				SUM(F7：F11)			SUM(I7：I10)	复制I13语句	复制I13语句	复制I13语句	复制I13语句		
14	α_{AB}	224	2	52	复制F7语句	α'_{CD}=	F14+5×180+F13		f_X=	J13−(N11−N7)	f_y=	K13−(O_{11}−O_7)		
15	α_{CD}	24	9	12	复制F7语句	$f_\beta=\alpha'_{CD}-\alpha_{CD}$=	H14−F15		f=±	POWER(POWER(K14，2)+POWER(M14，2)，1/2)				
16						f_β允=	60″×POWER(B11,1/2)		K^{-1}=	POWER(K15/I13，−1)		$>K_{允}^{-1}$=2000		
17–21	计算简图	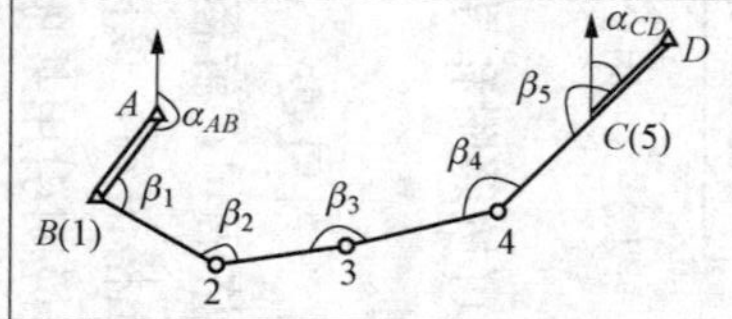 A, α_{AB}, B(1), β_1, 2, β_2, 3, β_3, 4, β_4, C(5), β_5, α_{CD}, D					外业资料	β_1=114°17′00″ β_2=146°59′30″ β_3=135°11′30″ β_4=145°38′30″ β_5=158°00′00″	d_{12}=82.17 d_{23}=77.28 d_{34}=89.64 d_{45}=79.84	起算数据	X_A=843.40 X_B=640.93 X_c=589.97 X_D=793.61	Y_A=1264.29 Y_B=1068.44 Y_c=1307.87 Y_D=1399.19	方位角的计算： $\tan_{AB}=\frac{y_B-y_A}{x_B-x_A}=\frac{-195.85}{-202.47}$ (α_{AB}=224°02′52″) $\tan_{CD}=\frac{y_D-y_C}{x_D-x_C}=\frac{-91.32}{-203.64}$ (α_{CD}=24°09′12″)	

表 3 - 4　**附合导线坐标 Excel 计算表(界面 5)**

测站	水平角 β					方位角	边长	增量计算值		该正后增量		坐标值	
	观测角值				改正后角值	α	D	ΔX (m)	ΔY (m)	$\Delta X'$ (m)	$\Delta Y'$ (m)	X (m)	Y (m)
	(°)	(′)	(″)	(°)	(°)								
A												843.4	1264.29
B(1)	114	17	0	114.283333	114.282870	224.047778	82.17	−76.36	30.34	−76.36	30.35	640.93	1068.44
2	146	59	30	146.991667	146.991204	158.330648	77.28	−44.68	63.05	−44.68	63.06	564.57	1098.79
3	135	11	30	135.191667	135.191204	125.321852	89.64	14.77	88.41	14.78	88.42	519.89	1161.85
4	145	38	30	145.641667	145.641204	80.513056	79.84	55.31	57.58	55.31	57.59	534.66	1250.28
C(5)	158	0	0	158.000000	157.999537	46.154259						589.97	1307.87
D						24.153796		−50.96	239.39	−50.96	239.43	793.61	1399.19
Σ				700.108333	700.106019		328.93	0.00	−0.04	−50.96	239.43		
		$f_\beta=$		0.002778	0.000			$f_x=$	0.00	$f_y=$	−0.04		
				$f_{\beta允}=$	±0.040825			$f=$		±0.04			
α_{AB}	224	2	52	224.047778				$K^{-1}=$	8319		$>K_{允}^{-1}=2000$		
β_{CD}	24	9	12	24.153333									

第三节　两端有基线的小三角锁坐标计算的 Excel 程序编制

一、两端有基线的小三角锁的近似平差计算

（一）小三角锁近似平差计算流程框图（见图 3-4）

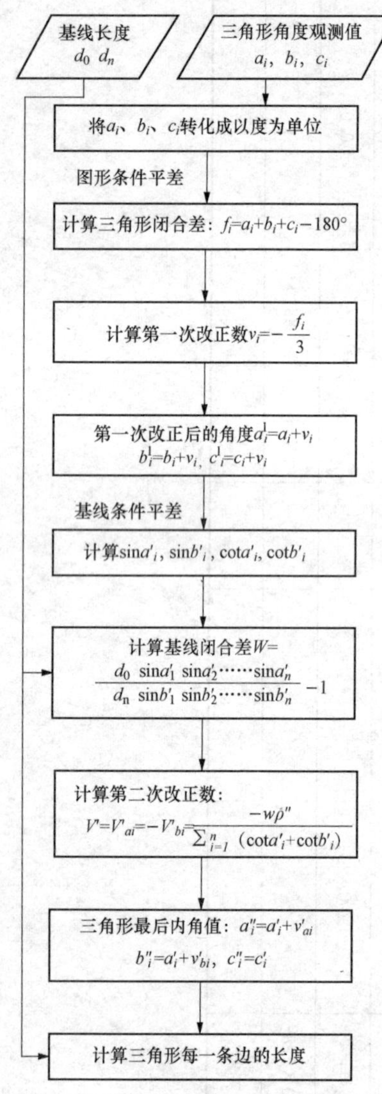

图 3-4　两端有基线的小三角锁的近似平差计算流程图

（二）两端有基线的小三角锁的近似平差计算的 Excel 程序编制

进入 Excel 界面后，按照小三角锁近似平差计算流程框图，对照表 3-5（界面 6）进行程序编制。在表 3-5 中，第 1～4 行为计算程序的题名、各具体项目的名称、单位等；第 28～32 行为计算简图、外业资料、已知数据（距离以米为单位），这部分内容也可以根据需要自行设计或单独列出；第 5 行为程序编制计算项目顺序编号，分为 11 个项目，1～3 项为三角形编号、三角点点号、角度外业外业资料及将角度以度、分、秒的表示形式转换成以度为单位的表示形式的角度转换；4、5 项为图形条件平差计算；6～9 项为基线平差条件计算；10、11 项为三角形的边长计算。计算程序编制中四行为一个三角形的计算单元。有关程序的理论和操作编制过程可参阅前面的“导线测量坐标 excel 程序的编制”的一些内容和相关的 Excel 软件教程书籍，下面结合界面 6 就各项内容计算程序简要说明如下。

1. 角度外业资料的输入及处理

第 1 项是，三角形编号，用Ⅰ、Ⅱ、Ⅲ、Ⅳ、Ⅴ表示。四行为一个三角形的计算单元；第 2 项，三角点点号，一个三角形为一组，Ⅰ号三角形三个三角点点号为 A、B、C；Ⅱ号三角形三个三角点点号为 B、C、D；Ⅲ号三角形三个三角点点号 C、D、E；Ⅳ号三角形三个三角点点号为 D、E、F；Ⅴ号三角形三个三角点点号为 E、F、G。

第 3 项，角度观测值用 a_i、b_i、c_i 表示，由于在小三角近似平差计算时，将三角形内角的编号作了这样的规定：“在每一个三角形内，已知边所对应的角为 b_i，待求边（在下一个三角形中为已知边，也称传距边）所对应的角为 a_i，由于这两个角用来推算边长，称为传距角，第三角为 c_i，也称作间隔角”。计算时，传送距离是按 AB-BC-CD-DE-EF 进行的，因此角号是按 a_i、c_i、b_i 编号。a_i、c_i、b_i 的观测值按照度、分、秒存入相应的单元格，并且在右边相邻的单元格转换成以度为单位存入。

2. 图形平差条件计算

对照程序流程图和界面 6，4、5 项为图形条件平差计算，第 4 项计算三角形内角的改正

表 3-5　　**三角锁近似平差及边长计算 Excel 编制表(界面 6)**

	列A	B	C	D	E	F	G	H	I	J	K	L	M	N	O
行1	界面6　三角锁近似平差及边长计算Excel编制表														
2	三角形编号	点名	角号	角度观测值				第一次改正数($-f_\beta/3$)	第一次改正后的角度	正弦	余切	第二次改正数	改正后的角度	角度改正后的正弦	边长
3				(β)											
4				°	′	″	°	°	°				°		
5	1	2		3				4	5	6	7	8	9	10	11
6	I	A	a_1	81	12	42	D6+E6/60+F6/3600	'-($G$9-180)/3'	G6+H6	SIN(I6×π/180)	1/TAN(I6×π/180)	'=K27'	I6+L6	复制J6语句	N6/N8×O8
7		B	c_1	40	27	36		击活G6，用"自动填充"柄，复制G6语句							N7/N8×O8
8		C	b_1	58	19	36						'=-K27'			'=G26'
9			Σ				SUM(G6：G8)	复制G9语句	复制G9语句				复制G9语句		
10	II	B	a_2	58	11	24	复制G6计算语句	复制H6改$G$9为$G$1	复制I6语句	复制J6语句	复制K6语句	'=K27'	复制M6语句	复制N6语句	复制 O6语句
11		C	c_2	50	0	6									复制O7语句
12		D	b_2	71	48	36						'=-K27'			'=O6'
13			Σ				复制G9计算语句	复制H9计算语句	复制I9语句				复制M9语句		
14	III	C	a_3	41	42	18	复制G6计算语句	复制H6改$G$9为$G$17	复制I6语句	复制J6语句	复制K6语句	'=K27'	复制M6语句	复制N6语句	复制 O6语句
15		D	c_3	52	38	24									复制O7语句
16		E	b_3	85	39	18						'=-K27'			'=O10'
17			Σ				复制G9计算语句	复制H9计算语句	复制I9语句				复制M9语句		
18	IV	D	a_4	52	29	30	复制G6计算语句	复制H6改$G$9为$G$2	复制I6语句	复制J6语句	复制K6语句	'=K27'	复制M6语句	复制N6语句	复制O6语句
19		E	c_4	59	10	30									复制O7语句
20		F	b_4	68	19	54						'=-K27'			'=O14'
21			Σ				复制G9计算语句	复制H9计算语句	复制I9语句				复制M9语句		
22	V	E	a_5	64	33	0	复制G6计算语句	复制H6改$G$9为$G$25	复制I6语句	复制J6语句	复制K6语句	'=K27'	复制M6语句	复制N6语句	复制O6语句与I26检
23		F	c_5	64	0	54									复制O7语句
24		G	b_5	51	26	6						'=-K27'			'=O18'
25			Σ				复制G9计算语句	复制H9计算语句	复制I9语句				复制M9语句		
26						d_0=	224.284	d_n=153.216		W=G26×J6×J10×～×J22/J8/J12/～/J24-I26					
27		α_{AB}		31	21	0	复制G6计算语句			$V_a=-V_b$='-K26/I26/SUM(K6，K8，～，K24)×180/π'					
28	计算简图								外业资料	a_1=81°12′42″ a_2=58°11′24″ a_3=41°42′18″ a_4=52°29′30″ a_5=64°33′00″	b_1=58°19′36″ b_2=71°48′36″ b_3=85°39′18″ b_4=68°19′54″ b_5=51°26′06″	c_1=40°27′36″ c_2=50°00′06″ c_3=52°38′24″ c_4=59°10′30″ c_5=64°00′54″		起算数据	α_{AB}=31°21′00″ X_A=1000.00 Y_A=500.00
29															
30															
31															
32															

数 $V_i=-\frac{f_i}{3}$，$f_i=(a_i+b_i+c_i)-180°$，第 5 项将改正数 V_i 平均分配到三个内角后得出第一次改正后的角度值，存入相应的单元格中，完成图形平差条件。

3. 基线平差条件的计算

计算公式为：首先计算计算基线闭合差：$W=\frac{d_0\sin a_1'\sin a_2'\cdots\sin a_n'}{d_n\sin b_1'\sin b_2'\cdots\sin b_n'}-1$，然后计算第二次改正数：$V'=V_{ai}'=-V_{bi}'=\frac{-W\rho''}{\sum_{i=1}^{n}(\cot a_i'+\cot b_i')}$，最后求出三角形最后的内角值：$a_i''=a_i'+V_{ai}'$、$b_i''=a_i'+V_{bi}'$、$c_i''=c_i'$。在程序编制时，对照界面 6，第 6 项和第 7 项计算了角度的正弦和余切，存入 J 列和 K 列相对应的单元格，第 8 项按照公式计算第二次改正数 V'，存入 L 列对应的单元格，第 9 项按照公式 $a_i''=a_i'+V_{ai}'$、$b_i''=a_i'+V_{bi}'$、$c_i''=c_i'$ 计算最后改正后的角度值，存入 M 列相对应的单元格，完成基线平差条件的计算。

4. 三角形边长计算

第 10 项 N 列是计算三角形角度改正后的正弦，然后根据三角形的正弦定理，利用外业资料的基线长度 d_0，计算三角形的边长，并与外业资料 d_n 检核，存入 O 列相应的单元格。三角锁近似平差及边长 Excel 计算表见表 3-7（界面 8）。

（三）计算各三角点点的坐标

已知方位角 α_{AB} 和点 A 的坐标，小三角锁近似平差计算完成后，边长和角度全部计算出来后，可通过以下方法计算各三角点的坐标：

（1）坐标计算按闭合导线 $A—C—E—G—F—D—B—A$ 计算。

（2）按坐标正算计算三角点的坐标，如界面 7、界面 9 所示，分别见表 3-6、表 3-8。

（3）通过坐标正算计算出点 B 的坐标后，其余三角点的坐标可根据前方交会公式计算。

（四）编制单三角锁近似平差及边长计算 Excel 表，对照平差表（见表 3-5）解答下列问题

（1）G6 单元格在公式编辑栏中的计算语句为 D6＋E6/60＋F6/3600，解释该语句的含义。通过下拖鼠标复制 G6 语句得到 G7、G8 语句，写出 G7、G8 的语句。

（2）通过复制、粘贴 G6 单元格语句，得到 G10、G14、G18、G22 单元格语句，分别写出语句表达式。

（3）解释 G9 单元格 SUM（G6：G8）语句的含义。

（4）通过复制 G9 单元格语句，粘贴后 G13、G17、G21、G25 单元格语句分别是什么？写出表达式。

（5）解释 H6 单元格语句－（＄G＄9－180）/3 的含义。为什么用绝对地址＄G＄9？

（6）如界面 6 所示，下拖鼠标复制 H6 语句后 H7、H8 单元格语句分别是什么？写出表达式。

（7）H10 单元格语句是通过复制 H6 改＄G＄9 为＄G＄13，写出编辑步骤和语句表达式。

（8）通过下拖鼠标复制 H10 语句得到 H11、H12 语句分别是什么？写出表达式。

（9）复制 G9 语句得到 H9 语句 SUM（H6：H8）的含义是什么？

（10）复制 G9 语句得到 I9 语句 SUM（I6：I8）的含义是什么？正确计算结果应是多少？

（11）J6、K6 单元格语句 SIN(I6×π/180)、1/TAN(I6×π/180) 的含义及执行结果是什么？

（12）写出复制 J6、K6 语句后 J10、K10 单元格语句表达式。

（13）解释 L6 单元格‘＝K27’语句的含义。说明‘＝K27’与复制 K27 单元格语句的区别。

表 3 - 6　　**三角锁各点坐标计算 Excel 编制表(界面 7)**

	列A	B	C	D	E	F	G	H	I	J	K	L	M
行1	界面7　三角锁各点坐标计算Excel编制表												
2	计算	已知点1	A	A	B	B	C	C	D	D	E	E	F
3	顺序	待求点2	B	C		D		E		F		G	
4	1	α_0	‘=平差表!G27’	‘=C4’	D4+180	‘=E4’	复制F4语句	‘=G6’	复制F4语句	‘=I6’	复制F4语句	‘=K6’	复制F4语句
5	2	β_1		‘=平差表!M6’	‘=平差表!M7’	‘=平差表!M10’	‘=平差表!M11’	‘=平差表!M14’	‘=平差表!M15’	‘=平差表!M18”	‘=平差表!M19”	‘=平差表!M22’	‘=平差表!M23’
6	3	α_{12}	C4+C5	D4+D5	E4−E5	F4−F5	G4+G5	H4+H5	I4−I5	J4−J5	K4+K5	L4+L5	M4−M5
7	13	$X_{平均}$	‘=C8’	(D8+E8)/2		复制D7语句		复制D7语句		复制D7语句		复制D7语句	
8	11	X_2	C9+C10	‘自动填充’	“活，市活OB，右下角移动鼠标单+时向右拖动鼠标复制C8语名” →								
9	9	X_1	1000.00	‘=C9’	‘=C7’	‘=C7’	‘=D7’	‘=D7’	‘=F7’	‘=F7’	‘=H7’	‘=H7’	‘=J7’
10	7	ΔY_{12}	C12+C11	→									
11	5	$\cos\alpha_{12}$	COS(C6×π×180)	复制C11语句	复制C11语句	复制C11语句	复制C11语句	复制C11语句	复制C11语句	复制C11语句	复制C11语句	复制C11语句	复制C11语句
12	4	S_{12}	‘=平差表!O8’	‘=平差表!O7’	‘=平差表!O6’	‘=平差表!O11’	‘=平差表!O10’	‘=平差表!O15’	‘=平差表!O14’	‘=平差表!O19’	‘=平差表!O19’	‘=平差表!O23’	‘=平差表!O22’
13	6	$\sin\alpha_{12}$	SIN(C6×π×180)	复制C13语句	复制C13语句	复制C13语句	复制C13语句	复制C13语句	复制C13语句	复制C13语句	复制C13语句	复制C13语句	复制C13语句
14	8	ΔY_{12}	C12×C13	→									
15	10	Y_1	500.00	‘=C15’	‘=C17’	‘=C17’	‘=D17’	‘=D17’	‘=F17’	‘=F17’	‘=H17’	‘=H17’	‘=H17’
16	12	Y_2	C14×C15	→									
17	14	$Y_{平均}$	‘=C16’	(D16+E16)/2		复制D17语句		复制D17语句		复制D17语句		复制D17语句	

表 3-7 三角锁近似平差及边长 Excel 计算表(界面 8)

三角形编号	点名	角度观测值(°)(′)(″)(°)					第一次改正数－f/3	第一次改正后的角度(°)	正弦	余切	第二次改正数	改正后的角度(°)	改正后的正弦	边长
1	2	3					4	5	6	7	8	9	10	11
Ⅰ	A	a_1	81	12	42	81.211667	0.000556	81.212222	0.988261	0.154590	−0.000330	81.211892	0.988260	260.440
	B	c_1	40	27	36	40.460000	0.000556	40.460556	0.648924	1.172483		40.460556	0.648924	171.013
	C	b_1	58	19	36	58.326667	0.000556	58.327222	0.851061	0.616956	0.000330	58.327553	0.851064	224.284
		Σ				179.998333	0.001667	180.000000				180.000000		
Ⅱ	A	a_2	58	11	24	58.190000	−0.000556	58.189444	0.849796	0.620281	−0.000330	58.189114	0.849793	232.962
	B	c_2	50	0	6	50.001667	−0.000556	51.001111	0.766057	0.839067		50.001111	0.766057	210.007
	C	b_2	71	48	36	71.810000	−0.000556	71.809444	0.950024	0.328601	0.000330	71.809775	0.950025	260.440
		Σ				180.001667	−0.001667	180.000000				180.000000		
Ⅲ	A	a_3	41	42	18	41.705000	0.000000	41.705000	0.665296	1.122178	−0.000330	41.704670	0.665291	155.434
	B	c_3	52	38	24	52.640000	0.000000	52.640000	0.794838	0.763452		50.640000	0.794838	185.701
	C	b_3	85	39	18	85.655000	0.000000	85.655000	0.997126	0.075980	0.000330	85.655330	0.997126	232.962
		Σ				180.000000	0.000000	180.000000				180.000000		
Ⅳ	A	a_4	52	29	30	52.491667	0.000556	52.492222	0.793271	0.767543	−0.000330	52.491892	0.793267	132.675
	B	c_4	59	10	30	59.175000	0.000556	59.175556	0.858741	0.596698		59.175556	0.858741	143.626
	C	b_4	68	19	54	68.331667	0.000556	68.332222	0.929340	0.397297	0.000330	68.332553	0.929342	155.434
		Σ				179.998333	0.001667	180.000000				180.000000		
Ⅴ	A	a_5	64	33	0	64.550000	0.000000	64.550000	0.902961	0.475905	−0.000330	64.549670	0.902958	153.216
	B	c_5	64	0	54	64.015000	0.000000	64.015000	0.898909	0.487409		64.015000	0.898909	152.529
	C	b_5	51	26	6	51.435000	0.000000	51.435000	0.781901	0.797290	0.000330	51.435330	0.781905	132.675
		Σ				180.000000	0.000000	180.000000				180.000000		
					$d_0=$	224.284	$d_n=$	153.216	$W=$	0.004734				
		α_{AB}	31	21	0	31.350000			$V_n=-V_b=$	−0.000330				

表 3-8 三角锁各点坐标计算 Excel 编制表(界面 9)

计算顺序	已知点 1	A	A	B	B	C	C	D	D	E	E	F
	待求点 2	B	C		D		E		F		G	
1	α_0	31.350	31.350	211.350	170.889	350.889	40.891	220.891	168.251	348.251	47.426	227.426
2	β_1		81.212	40.461	58.189	50.001	41.705	52.640	52.492	59.176	64.550	64.015
3	α_{12}	31.350	112.562	170.889	112.700	400.891	82.595	168.251	115.759	407.426	111.976	163.411
13	$X_{平均}$	1191.540	934.385		1110.496		958.318		1048.078		901.240	
11	X_2	1191.540	934.385	934.385	1110.496	1110.496	958.318	958.318	1048.078	1048.078	901.240	901.240
9	X_1	1000.000	1000.000	1191.540	1191.540	934.385	934.385	1110.496	1110.496	958.318	958.318	1048.078
7	ΔX_{12}	191.540	−65.615	−257.154	−81.044	176.110	23.933	−152.178	−62.417	89.760	−57.079	−146.839
5	$\cos\alpha_{12}$	0.854	−0.384	−0.987	−0.386	0.756	0.129	−0.979	−0.435	0.677	−0.374	−0.958
4	S_{12}	224.284	171.013	260.440	210.007	232.962	185.701	155.434	143.626	132.675	152.529	153.216
6	$\sin\alpha_{12}$	0.520	0.923	0.158	0.923	0.655	0.992	0.204	0.901	0.736	0.927	0.286
8	ΔY_{12}	116.687	157.925	41.238	193.739	152.501	184.152	31.651	129.354	97.703	141.446	43.744
10	Y_1	500.000	500.000	616.687	616.687	657.925	657.925	810.426	810.426	842.077	842.077	939.780
12	Y_2	616.687	657.925	657.925	810.426	810.426	842.077	842.077	939.780	939.780	983.524	983.524
14	$Y_{平均}$	616.687	657.925		810.426		842.077		939.780		983.524	

（14）写出 M9 单元格‘复制 G9 语句’执行后该单元格计算语句。

（15）写出 N6 单元格中‘复制 J6 语句’后该单元格计算语句。

（16）写出 N10 单元格中‘复制 N6 语句’后该单元格计算语句。

（17）写出 O10、O11 单元格‘复制 O6 语句’、‘复制 O7 语句’后的语句。

（18）O8 单元格‘＝G26’执行后的结果值？

（19）O22 单元格计算结果是多少？

第四节　Excel 编制及计算应用问题参考答案

一、闭合导线坐标计算程序编制及解答问题参考答案

（1）B8 单元格语句：B7＋1；B9 单元格语句：B8＋1；B10 单元格语句：B9＋1。导线点数字编号依次为 3，4，5。

（2）B11 单元格导线点号是引用 B6 单元格点号，为 1；C11 单元格是引用 C6 单元格角度值，为 121°；D11 单元格是引用 D6 单元格角度值，为 28′；E11 单元格是引用 E6 单元格角度值，为 00″。

引用某单元格是两单元格语句或值完全相等，并随着被引用的单元格内容而变化；复制菜单元格仅是“COPY”语句，其值不随着被复制单元格内容而变化。

（3）F7 语句：C7＋D7/60＋E7/3600；F8 语句：C8＋138/60＋E8/3600；F9 语句：C9＋D9/60＋E9/3600；F10 语句：C10＋D10/60＋E10/3600；F11 语句：C11＋Dll/60＋Ell/3600；F16 语句：C16＋D16/60＋E16/3600。

（4）SUM（F6：F10），是对 F6、F7、F8、F9、F10 单元格中角度值求和，将结果值存入 F13。

（5）相对地址表达形式：F6，F7，…；绝对地址表达形式：＄G＄6，＄G＄7，…；棍合地址表达形式：G＄6，＄G6，…。

语句（公式）中包含相对地址，则在语句复制时；引用的数据将不再是原单元格语句引用的数据，而是与当前单元格相对一定地址的单元格数据。因而，公式复制后的结果会发生变化。如 F6 语句 C6＋D6/60＋D6/3600 分别复制到 F7 和 F16 则语句变为 C7＋D7/60＋E7/3600 和 C16＋D16/60＋D16/3600。语句中含绝对地址，在语句复制时，绝对地址对应的单元格是不发生变化的，例如将 G6 语句 F6－＄F＄l4/＄B＄10 复制到 G10 单元格后的语句为：F10－＄F＄14/＄B＄10，其中绝对值＄F＄14 和＄B＄10 未变化。混合地址是相对地址与绝对地址的混合使用，具有二者功能，即行变列不变，或列变行不变。

（6）拖动鼠标选中要编辑的单元格，单击“格式”，在下拉菜单中单击“单元格”，在对话框中单击“对齐”，打开“垂直对齐”选择按钮，选中“靠上”，或“靠下”，单击确定，即可完成单元格数值的靠上线或靠下线操作。

（7）POWER，选中存放某数乘幂的单元格，单击“粘贴函数 f_x”按钮，单击“常用函数”选中“POWER”后确定，公式编辑栏出现“＝POWER（）”和对话框，移光标在对话框的“底数，Number”窗口，单击存放某数据的单元格或键入某数据单元格编号；移光标在“幂值，QPOWER”窗口，键盘键入 1/2 后确定，即可将某数据的开平方存放在指定的单元格中。

（8）选中 F6，单击“复制”按钮；选中 F16，单击“粘贴”按钮，即将 F6 语句复制到 F16。

（9）H6 是引用 F16 单元格的方位角值，是 1～2 边的方位角 $\alpha_{1,2}$。

（10）SUM（G6：G10），计算结果是闭合导线各内角经角度闭合差调整后的内角和，正确的计算值应等于 G14 单元格多边形内角和的理论值（n－2）×180°。

（11）SUM（I6：I10）

激活 F13，单击“复制”，选中 I13，单击“粘贴”，完成。

（12）J7～J1O 语句为：I7×COS（H7×π/180）

……

I10×COS（H10×π/180）

K7～K10 语句为：I7×SIN（H7×π/180）

……

I10×SIN（H10×π/180）。

（13）选中存放函数值的单元格，单击“f_x”粘贴函数按钮，在“粘贴函数”下拉菜单左半边中，选中“函数分类”的“常用函数”后，在“函数名”中选择 POWER，SIN、COS，SUM 等函数。

举例见第 7 题答案。

（14）弧度。

（15）选中公式计算结果存放单元格，单击公式编辑栏“二”，在光标处写语句。如 G6 单元格语句为 F6－＄F＄14/＄B＄10，选中 G6，激活公式编辑栏，单击 F6 单元格（或键盘键入 F 与 6），光标处出现 F6，键入“－”号，单击 F14 单元格，键入“/”号，单击 B10 单元格，则公式编辑栏依次出现 F6－F14/B10，移动光标在相对地址 F14、B10 的列号和行号前分别键入＄符号，则完成公式编写。

（16）K14、M14 单元格数据是分别引用 J13、K13 单元格数据；K15 单元格数据是 K14、M14 数据平方和再开方；K16 单元格数据是 K15 数据除 I13 数据的结果的倒数。K14、M14、K15、K16 数据在测量学中的含义分别为：纵坐标增量闭合差；横坐标增量闭合差；导线全长闭合差；导线全长相对闭合差。

（17）K15 中，POWER 函数是对 K14、M14 单元格的纵横坐标增量闭合差的平方和开平方，计算结果的含义是导线全长闭合差；K16 单元格 POWER 函数是对 K15 和 I13 单元格计算的导线全长相对闭合差取倒数，即将导线全长相对闭合差表示成分于是 1 的分数形式。

（18）N11、O11 计算出 1 点的坐标值应等于 1 点的坐标已知值。

（19）可以通用，仅做局部修改，即通过删除或增加行以及点号实现。以增加导线点为例，在第 11 行前插入 5 行，并激活 B10 单元格，拖动“自动填充”柄填充点号 6～10。键盘输入各点的观测角和各边边长，增加行的计算，可继续拖动“自动填充”柄填写进行，各点坐标值即刻完成计算。

（20）选中 Sheet1，变为白色，击右键，出现悬挂菜单，选中“重命名”后，Sheet1 变为黑色后键入表名“闭合导线”，即完成重命名。同理可将 Sheet2、Sheet3、Sheet4 工作表重命名为附合导线、三角平差和三角坐标。

二、附合导线坐标计算 Excel 程序编制及解答问题参考答案

(1) F14 语句：C14+D14/60+E14/3600；F15 语句：C15+D15/60+E15/3600。该语句是把附合导线起始边和终了边方位角的角度由度分秒的表示形式化为度。

(2) H7 单元格语句‘=F14’是引用 F14 的语句或数值到 H6，该语句执行结果是给 H6 引入起始边的方位角（度）；H12 单元格是利用“数据填充”柄复制的语句为 H11+180+G2，即终了边计算的方位角（减 $n\times 360°$ 使其小于 360°），该值应等于终了边已知方位角（F15 单元格值），进行计算检核。

(3) 选中 H7 后，激活公式编辑栏，单击 F14 单元格，则公式编辑栏出现：‘=F14’，确定或回车，就完成了 H7 引用 F14 语句（数值）。

(4) H14 单元格是计算出的导线终了边方位角，F15 单元格是已知的导线终了边方位角，‘H14－F15’是终了边方位角的计算值与已知值之差，即附合导线坐标方位角闭合差。

(5) K14 单元格语句中的 J13 的值是导线纵坐标增量之和，N11、N7 的值分别是终了边 *C* 点和起始边 *B* 点的纵坐标，两者之差为 *C*、*B* 两点纵坐标增量已知值，而‘J13－（Nll－N7）’为导线 *C*、*B* 两点纵坐标增量计算值与已知值之差，即纵坐标增量闭合差。

M14 单元格语句中的 K13 的值是导线横坐标增量之和，O11、O7 的值分别是终了边 *C* 点和起始边 *B* 点的横坐标，两者之差是 *C*、*B* 两点横坐标增量已知值，而‘K13－（O11－O7）’为导线 *C*、*B* 两点横坐标增量计算值与已知值之差，即横坐标增量闭合差。

三、三角锁坐标计算 Excel 程序编制及解答问题参考答案

(1) G6 单元格语句的含义是将 D6、E6、F6 单元格角度值的度、分、秒换算为度。G7 单元格语句：D7+E7/60+F7/3600；G8 单元格语句：D8+E8/60+F8/3600。

(2) G10 单元格语句：D10+E10/60+F10/3600；G14 单元格语句：D14+E14/60+F14/3600；G18 单元格语句：D18+E18/60+F18/3600；G22 单元格语句：D22+E22/60+F22/3600。

(3) G9 单元格 SUM（G6：G8）语句是对 G6、G7、G8 单元格的数值求和，几何含义是三角锁中第 I 个三角形内角之和。

(4) G13 单元格语句：SUM（G10：G12）；G17 单元格语句：SUM（G14：G16）；G21 单元格语句：SUM（G18：G20）；G25 单元格语句：SUM（G22：G24）。

(5) $G$9 是绝对地址，H6 语句是该地址的三角形内角和与其理论值之差（即三角形角度闭合差）进行反符号平均改正，即对角度进行第一次平差。

使用绝对地址 $G$9 是因为通过下拖鼠标复制 H6 语句得到 H7、H8 语句时保持 G9 单元格三角形内角和的值不变，从而实现平均改正角度闭合差。

(6) H7 单元格语句：－（$G$9－180）/3；H8 单元格语句：－（$G$9－180）/3。

(7) 激活 H6，单击“复制”按钮；激活 H10，单击“粘贴”按钮，则得到语句－（$G$9－180）/3，在公式编辑栏，移动光标改 $G$9 中行号 9 为 13 即可。H10 语句为：－（$G$13—180）/3。

(8) H11 语句为：－（$G$13－180）/3；H12 语句为：－（$G$13－180）/3。

(9) 对 H6、H7、H8 单元格的值求和，计算结果是第 I 个三角形角度闭合差的反号值。

(10) 对 I6、I7、I8 单元格角度值求和，即三角形各角第 I 次平差后内角和，正确结果应为 180°。

（11）J6 单元格语句是对 16 单元格角度值化为强度后取正弦值；K6 单元格语句是对 I6 单元格角度值化为弧度后取正切值，再求倒数，即余切值。

（12）J10 语句：SIN（I10×π/180）；K10 语句：1/TAN（I10×π/180）。

（13）在 L6 单元格执行‘＝K27’语句是引用 K27 的公式或计算结果。‘＝K27’语句是联通引用。L6 计算结果等于 K27，并随 K27 变化。复制 K27 是复制公式，L6 与 K27 计算语句相同，计算结果无联系。

（14）M9 语句：SUM（M6：M8），正确计算结果为 180°。

（15）N6 语句：SIN（M6×π/180）。

（16）N10 语句：SIN（M10×π/180）。

（17）O10 语句：N10/N12×O12；O11 语句：N11/N12×O12。

（18）224.284（起始边长 d_0）。

（19）153.216（等于检核边长 d_n）。

第四章　课　后　作　业

作业一　测量的基本知识

一、名词解释

水准面：

大地水准面：

参考椭球体：

高程：

大地体：

二、回答问题

1. 测量学任务是什么?

2. 测量工作应遵守什么原则? 什么是测量的基本工作?

3. 地面点的位置用哪几个基本几何元素来确定?

三、问题思考

1. 地球曲率对水平距离和高程的影响。

2. 简述高斯平面直角坐标、大地坐标、空间直角坐标。

作业二 水 准 测 量

一、填空

(1) 水准仪由______、______、______三部分组成。

(2) 安置水准仪时，三脚架顶面应该大致______。安装好仪器后，转动______使圆水准器气泡居中，转动______使十字丝清晰。放松水平制动螺旋后，通过______粗瞄水准尺，然后水平制动后，通过转动______精确照准水准尺，转动______消除视差，转动______使符合水准管气泡居中，最后读数。

(3) 产生视差的原因是______。

(4) 水准仪工作原理是通过其提供______，从而测量两点间的______。

(5) 水准测量中已知 A 点的高程为 H_A，求 B 点的高程时，A 点尺上的读数称为______，B 点尺上的读数称为______。

(6) 水准仪的水准器分为______和______两种。

(7) 微倾式水准仪安置仪器时，应先调整基座上的______进行粗略整平，读数前还应调整______使视线精确整平。

(8) 用微倾式水准仪测得在 A 点上的水准尺读数为 a=1.235m，B 点水准尺读数为 b=1.818m，则两点间高差 h=______m，由此可判断 A 点海拔高度______B 点。

(9) 高差的正负号是由________决定的。若某两点间的高差为负，说明前视点比后视点______。

(10) 水准测量时水准点上不能放______，转点上必须放______。

二、名词解释

1. 转点

2. 视线高程

3. 视差

4. 高差

三、简答题

（1）在水准测量中，当圆水准气泡居中时，为什么长水准管气泡不一定居中？

（2）简述水准路线通常布设那几种形式？

四、水准测量计算

（1）根据表 4 - 1 中所列观测数据，计算高差、转点和 BM_4 的高程并进行校核计算。

表 4 - 1 水准测量记录格式表

测点	后视 (m)	前视 (m)	高差		高程 (m)	备注
			+	−		
BM_2	1.464				515.234	
TP_1	0.746	1.124				
TP_2	0.524	1.524				
TP_3	1.654	1.343				
BM_4		2.012				
校核计算	$\Sigma a=$	$\Sigma b=$	$\Sigma(+h)=$	$\Sigma(-h)=$		
	$\Sigma a-\Sigma b=$		$\Sigma h=$		$H_{BM4}-H_{BM2}=$	

（2）根据附合水准路线的观测成果计算表 4 - 2 中的改正数、改正后高差及各点的高程：

$\frac{BM_6}{46.215}$ ⊗ $\frac{10站}{+0.748}$ Ⅰ○ $\frac{5站}{-0.432}$ Ⅱ○ $\frac{7站}{+0.543}$ Ⅲ○ $\frac{4站}{-0.245}$ Ⅳ○ $\frac{9站}{-1.477}$ ⊗ $\frac{BM_{10}}{45.330}$

表 4-2 改正后高差及高程

点号	测站数	测得高差（m）	改正数（mm）	改正后高差（m）	高程（m）	备注
BM_6					46.215	$\Delta h_{允}=$
	10	+0.748				
Ⅰ						
	5	−0.432				
Ⅱ						
	7	+0.543				
Ⅲ						
	4	−0.245				
Ⅳ						
	9	−1.476				
BM_{10}					45.330	
Σ					$H_{BM10}-H_{BM6}$	

作业三 角 度 测 量

一、填空

（1）水平角是指地面上两条相交直线的夹角在________投影所夹的角度。

（2）DJ_6 光学经纬仪是由__________________三部分组成。

（3）竖直角指在同一竖直面内________与水平视线所夹的角度，竖直角有“+”“−”号之分。其中“+”号代表______，“−”号代表______。

（4）在水平角的观测中，为了减少度盘刻画误差的影响，各测回的起始读数应加以变换，变换值按________计算。

（5）在工程中，角度的测量通常有________和________。

（6）在水平角观测中，望远镜盘左观测时，照准部是按______时针方向旋转观测的，盘右是按______时针方向旋转观测的。

（7）经纬仪测量水平角时，安置仪器对中的目的是______________________________。

（8）经纬仪测量水平角时，安置仪器整平的目的是______________________________。

（9）经纬仪的几何轴线有____。

（10）用经纬仪观测竖直角，在计算竖直角时，当望远镜盘左物镜轻微抬起时，如度盘读数逐渐减小，则竖直角的计算公式为____。

二、简答题

（1）用经纬仪瞄准同一竖直面内不同高度的两点，此时水平度盘上的读数相同不相同？测站点与这两点的连线所夹的角是不是竖直角？请解释原因。

（2）水平角观测时，什么时候用测回法，什么时候用全圆测回法？

（3）竖直指标差是什么？如何计算？

（4）经纬仪检验校正的内容有哪几项？

三、根据下表观测数据计算表中所有数值（见表4-3、表4-4）

表4-3 测回法手簿计算

测站	测回	盘位	目标	水平度盘读数 (° ′ ″)	半测回角值 (° ′ ″)	一测回角值 (° ′ ″)	各测回平均角值 (° ′ ″)	备注
O	1	左	A	0 02 06				
			B	68 49 18				
		右	A	180 02 24				
			B	248 49 30				
	2	左	A	90 01 36				
			B	158 48 42				
		右	A	270 01 48				
			B	338 48 48				

表4-4 全圆测回法手簿计算

测站	测回数	目标	盘左读数 L (° ′ ″)	盘右读数 R (° ′ ″)	$2C=L-R\pm180°$ (″)	$\frac{L+R\pm180°}{2}$ (° ′ ″)	起始方向值 (° ′ ″)	归零方向值 (° ′ ″)	平均方向值 (° ′ ″)	角值 (° ′ ″)
0	1	1	0 00 06	180 00 06						
		2	41 47 36	221 47 30						
		3	91 19 24	271 19 24						
		1	0 00 12	180 00 06						
	2	1	90 00 12	270 00 06						
		2	131 47 36	311 47 30						
		3	181 19 36	1 19 24						
		1	90 00 18	270 00 12						

作业四 距离测量及直线定向

一、名词解释

1. 距离

2. 方位角

3. 标准方向

4. 视距测量

二、简答题

（1）何谓直线定向，直线定向的方法有哪些?

（2）解释坐标正算问题和坐标反算问题。并写出计算公式。

（3）罗盘仪的构成和作用是什么？

（4）简述全站仪的安置过程。

三、计算题

（1）丈量两段距离，一段往返测分别为 126.78m、126.68m，另一段往返测分别为 357.23m、357.33m。问哪一段量得精确？

（2）如图 4-1 所示，测得直线 AB 的方位角 $\alpha_{AB}=81°30'$，B 点的角度 $\angle B=124°38'$，求直线 BC 的方位角 α_{BC} 为多少？

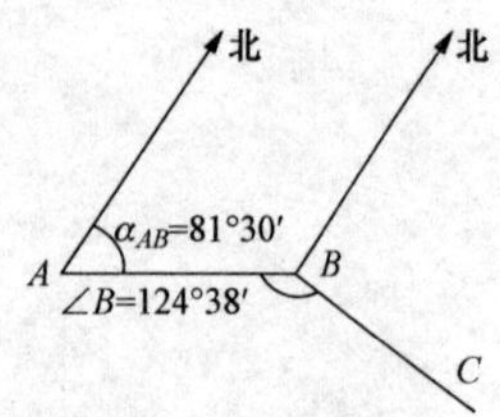

图 4-1　计算题（2）图

（3）已知 $x_A=515.98\text{m}$，$y_A=972.14\text{m}$，$\alpha_{AB}=313°46'12''$，$D_{AB}=197.38\text{m}$，按方位角绘草图并计算出 x_B、y_B的值。

（4）已知 $x_C=8331.24\text{m}$，$y_C=7378.09\text{m}$，$x_D=8011.24\text{m}$，$y_D=7334.40\text{m}$，试计算方位角 α_{CD} 与距离 D_{CD}。

（5）如图 4-2 所示，罗盘仪安置在 B 点，测得直线 BA 的方位角为 $218°31'$，直线 BC 的方位角为 $149°00'$，求$\angle ABC$ 的角值。

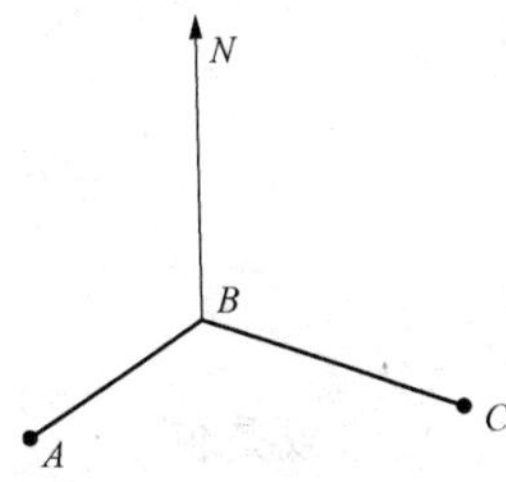

图 4-2 计算题（5）图

作业五　测量误差基础知识

一、名词解释

1. 偶然误差

2. 中误差

3. 相对误差

4. 最或是值

5. 权

二、填空

（1）测量误差按其性质可分为__________和__________。

（2）用真误差计算中误差的公式是____________。（真误差用 Δ 表示，观测次数为 n）

（3）相对误差是________________与________________之比。

（4）误差传播定律是计算直接观测值________________的公式。

（5）利用观测值的改正数 V_i 来计算中误差的白塞尔公式为________________。

（6）系统误差是指在相同的观测条件下做一系列的观测，误差的大小、符号表现出__________或__________。

（7）偶然误差具有__________，它随着单一观测值的观测次数增多而__________。

（8）对某段距离丈量 n 次，其中误差为 m，则其算术平均值的中误差为__________。

（9）不等精度观测时，考虑到各观测值的可靠程度，采用__________的办法计算观测值的最或是值。

（10）某量观测条件相同的各次观测为__________观测，观测条件不相同的各次观测为__________观测。

三、计算

（1）用钢尺丈量某一距离，丈量结果为 312.581m、312.546m。312.551m，312.532m、312.537m、312.499m，试求该组观测值中误差与算术平均值中误差，及最后的结果。

（2）用某经纬仪测量水平角，一测回的中误差 $m=\pm 15''$，欲使测角精度达到土 $5''$，问需要观测几个测回？

（3）同精度观测一个三角形的两内角 α、β，其中误差：$m_\alpha=m_\beta=\pm 6''$，求三角形的第三角 γ 的中误差 m_γ？

（4）在水准测量中，设一个测站的中误差为 5mm，若 1km 有 15 个测站，求 1km 的中误差和 Kkm 的中误差？

（5）设量得 A、B 两点的水平距离 $D=206.26$m，其中误差 $m_D=\pm 0.04$m，同时在 A 点上测得竖直角 $\alpha=30°00'$，其中误差 $m_\alpha=\pm 10''$。试求 A，B 两点的高差（$h=D\tan\alpha$）及其中误差 m_h？

（6）如图 4-3 所示的三角形的三个角值为 $a=b=c=60°$，测角中误差为 $\pm 10''$；AB 的边长 $D_{AB}=150.000$m，其中误差为 ± 0.050m，试求 AC 和 BC 的边长及其中误差。

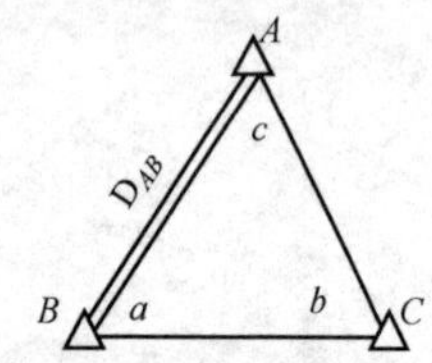

图 4-3 计算题（6）图

（7）用同一架经纬仪，以不同的测回数观测某一角度，其观测值为：$\beta_1=24°13'36''$（4 个测回），$\beta_2=24°13'30''$（6 个测回），$\beta_3=24°13'24''$（8 个测回），试求单位权观测值的中误差，加权平均值及其中误差。

作业六　导线坐标计算

（1）已知表 4-5 中数据（测站编号按逆时针），计算出闭合导线各点的坐标。

表 4-5　　　　**导线坐标计算题（1）**

测站	水平角 β		方位角 α	边长 D	增量计算值		改正后增量		坐标值	
	观测值	改正后角值			$\Delta x'$	$\Delta y'$	Δx	Δy	x	y
	(° ′ ″)	(° ′ ″)	(° ′ ″)		(m)	(m)	(m)	(m)	(m)	(m)
1	87 50 06		224 32 00	449.00					1000.00	1000.00
2	89 14 12			358.76						
3	87 30 18			359.84						
4	125 06 12			144.87						
5	150 20 12			215.22						
1										
总和										
	$f_\beta=$ $f_{\beta允}=\pm 40''\sqrt{n}$		$f_x=$ $f_s=$		$f_y=$ $K=$			$K_{允}=1/2000$		

（2）已知表 4-6 中数据，计算出附合导线各点的坐标。

表 4-6　　　　**导线坐标计算题（2）**

测站	水平角 β		方位角 α	边长 D	增量计算值		改正后增量		坐标值	
	观测值	改正后角值			$\Delta x'$	$\Delta y'$	Δx	Δy	x	y
	(° ′ ″)	(° ′ ″)	(° ′ ″)		(m)	(m)	(m)	(m)	(m)	(m)
A			274 30 00							
B	165 50 24			63.10					509.60	377.85
1	136 34 30			59.75						
2	186 14 36			52.95						
3	64 34 30			37.70						
C	163 34 30		91 18 00						401.20	279.45
D										
总和										
	$f_\beta=\Sigma\beta-(\alpha_{终}-\alpha_{始})-n\cdot 180°=$ $f_{\beta允}=\pm 40''\sqrt{n}=$				$f_x=$ $f_s=$		$f_y=$ $K=$		$K_{允}=1/2000$	

作业七 三角锁坐标计算

根据图 4 - 4 数据进行近似平差计算并算出各三角点的坐标（见表 4 - 7～表 4 - 9）。

计算简图：

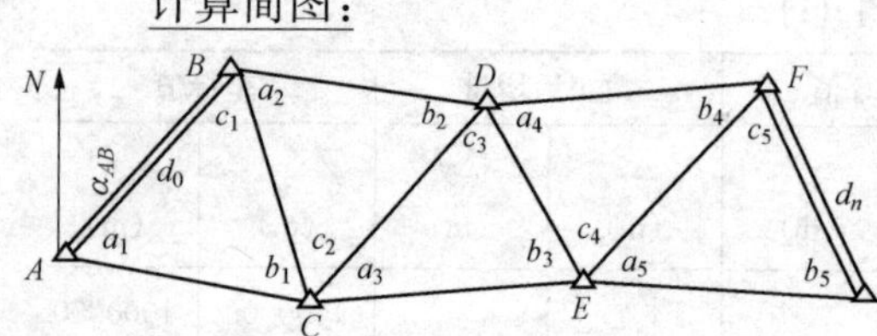

图 4 - 4 作业七计算简图

外业资料：

$a_1=81°12'42''$ $b_1=58°19'36''$ $c_1=40°27'36''$

$a_2=58°11'24''$ $b_2=71°48'36''$ $c_2=50°00'06''$

$a_3=41°42'18''$ $b_3=85°39'18''$ $c_3=52°38'24''$

$a_4=52°29'30''$ $b_4=68°19'54''$ $c_4=59°10'30''$

$a_5=64°33'00''$ $b_5=51°26'06''$ $c_5=64°00'54''$

起算数据：

$\alpha_{AB}=31°21'$

$x_A=1000.00$ $y_A=500.00$

基线长度

$d_0=224.284$ $d_n=153.216$

表 4 - 7 **两基线间单三角锁近似平差计算**

三角形编号	点名	角度观测值		第改一正次数 $-\frac{1}{3}f$	第一次改正后的角度	正弦	余切	第二次改正数	改正后的角度	改正后的正弦	边长
1	2	3		4	5	6	7	8	9	10	11
		a_1									
		c_1									
		b_1									
		Σ									
		a_2									
		c_2									
		b_2									
		Σ									
		a_3									
		c_3									
		b_3									
		Σ									
		a_4									
		c_4									
		b_4									
		Σ									
		a_5									
		c_5									
		b_5									
		Σ									

$$W=\frac{d_0}{d_n}\frac{\sin a'_1\sin a'_2\cdots\cdots\sin a'_n}{\sin b'_1\sin b'_2\cdots\cdots\sin b'_n}-1=$$

$$V_a=-V_b=-\frac{\rho''W}{d_n(\Sigma\cot a+\Sigma\cot b)}=$$

表 4-8 三角锁各点坐标计算表（1）

计算顺序	已知点 1						
	待求点 2						
(1)	α_0						
(2)	β_1						
(3)	α_{12}						
(13)	$x_{平均}$						
(11)	x_2						
(9)	x_1						
(7)	Δx_{12}						
(5)	$\cos\alpha_{12}$						
(4)	s_{12}						
(6)	$\sin\alpha_{12}$						
(8)	Δy_{12}						
(10)	y_1						
(12)	y_2						
(14)	$y_{平均}$						

表 4-9 三角锁各点坐标计算表（2）

计算顺序	已知点 1						
	待求点 2						
(1)	α_0						
(2)	β_1						
(3)	α_{12}						
(13)	$x_{平均}$						
(11)	x_2						
(9)	x_1						
(7)	Δx_{12}						
(5)	$\cos\alpha_{12}$						
(4)	s_{12}						
(6)	$\sin\alpha_{12}$						
(8)	Δy_{12}						
(10)	y_1						
(12)	y_2						
(14)	$y_{平均}$						

作业八　四等水准测量手簿计算

根据表 4-10 的观测数据，完成各测站的计算和校核。

$$K_1=4.787$$

$$K_2=4.687$$

表 4-10　　**作业八观测数据**

测站编号	后尺 下丝 / 上丝	前尺 下丝 / 上丝	方向及尺号	水准尺读数（m）		K＋黑－红	高差中数
	后距 / 视距差 d	前距 / 累积差 Σd		黑面	红面		
1	1.691　(1)	0.859　(4)	后　1	1.504　(3)	6.291　(8)	(13)	
	1.317　(2)	0.483　(5)	前　2	0.671　(6)	5.359　(7)	(14)	(18)
	(9)	(10)	后一前	(16)	(17)	(15)	
	(11)	(12)					
2	2.271	2.346	后 2	2.084	6.771		
	1.897	1.971	前 1	2.158	6.946		
			后一前				
3	1.684	1.852	后　1	1.496	6.283		
	1.309	1.448	前　2	1.636	6.324		
			后一前				
4	1.655	1.831	后 2	1.522	6.209		
	1.390	1.564	前 1	1.697	6.483		
			后一前				

校核计算：

Σ（9）＝　　　　Σ（3）＝　　　　Σ（8）＝

－）Σ（10）＝　　　　－）Σ（6）＝　　　　－）Σ（7）

末站（12）＝　　　　Σ（16）＝　　　　Σ（17）＝

$\frac{1}{2}$［Σ（16）＋Σ（17）］＝　　　　＝Σ（18）＝

总距离＝

作业九　视距测量计算

根据如表 4 - 11 所示数据计算平距、高差和高程（经纬仪竖盘为顺时针注记）。

表 4 - 11　　作业九观测数据

仪器高 i=1.36m				测站 A 点高程=47.64m			定向点：B			指标差：0		
测点编号	尺上读数（m）			视距间隔 n	水平角	竖直读数	竖直角	初算高差 h'(m)	改正数 $i-s$(m)	高差 h(m)	水平距离（m）	测点高程（m）
	上丝	中丝 s	下丝		（° ′）	（° ′）	（° ′）					
1	1.766	1.36	0.902		42 36	84 32						
2	2.165	1.36	0.555		56 45	97 25						
3	2.221	1.50	0.780		175 11	90 28						
4	2.871	2.00	1.128		82 22	86 13						
5	2.570	2.00	1.428		125 33	93 45						

作业十 勾绘等高线

如图 4-5 所示为某地区碎部测量成果，试用目估法勾绘该地区的等高线（基本等高距为 1m）。图中的小数点兼表示该点的点位。

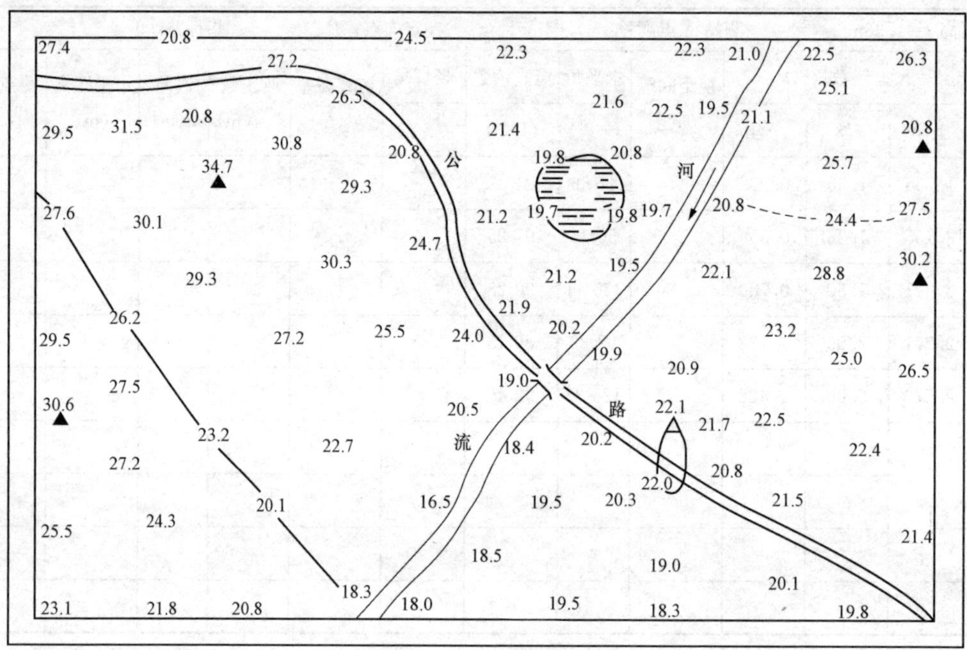

图 4-5 作业十测量数据

作业十一 圆曲线测设计算

（1）已知：$\alpha=18°20'$，$R=100$m 和 $R=50$m，转折点里程桩号为 1+268.48。

（2）要求：

1）算出曲线元素与三主点的桩号（见表 4-12）。

表 4-12 作业十一计算表（1）

设曲线半径	$R=100$m	$R=50$m		$R=100$m	$R=50$m
切线长			曲线起点的桩号		
曲线长			曲线终点的桩号		
外矢距			曲线中点的桩号		

2）计算用偏角法详细测设曲线时各标定点的桩号、偏角和弦长。

设 $R=50$m 取 1=5m，见表 4-13。

表 4-13 作业十一计算表（2）

曲线起点桩号		起点的偏角		弦	弦长
曲线上第 1 点的桩号		点 1 的总偏角		起点—1 点	
曲线上第 2 点的桩号		点 2 的总偏角		1 点—2 点	
曲线上第 3 点的桩号		点 3 的总偏角		2 点—3 点	
曲线上终点的桩号		终点的偏角		3 点—终点	

设 $R=100$m 取 1=10m，见表 4-14。

表 4-14 作业十一计算表（3）

曲线起点桩号		起点的偏角		弦	弦长
曲线上第 1 点的桩号		点 1 的总偏角		起点—1 点	
曲线上第 2 点的桩号		点 2 的总偏角		1 点—2 点	
曲线上第 3 点的桩号		点 3 的总偏角		2 点—3 点	
曲线上终点的桩号		终点的偏角		3 点—终点	

（3）说明如下：

1）圆曲线上细部点桩号应该为整数（即 10m、5m 的整倍数）。

2）曲线终点的总偏角应等于圆心角 α 之半，但因计算中凑整关系不能完全相等，不过对测量成果无甚影响。

第五章 思考练习

思考练习一 单项选择

在每题的四个备选答案中，选出一个正确答案，并将号码写在题干的（　　）内。

【5-1】

大地水准面是一个（　　）

①很规则的圆球面　　②旋转椭球面

③有微小起伏不规则封闭的曲面　　④平面

【5-2】

我国目前采用的统一高程基准面是（　　）

①青岛验潮站 1956 年平均海水面　　②青岛验潮站 1985 年黄海平均海水面

③青岛验潮站 1956 年黄海海水面　　④青岛水准原点

【5-3】

水准仪观测时，因长水准管轴不平行视准轴（　　）

①会引起系统误差　　②会引起偶然误差

③会引起系统误差和偶然误差　　④不会引起误差

【5-4】

望远镜的视准轴是（　　）

①目镜光心与物镜组合光心的连线　　②物镜组合光心与十字丝交点的连线

③目镜光心与十字丝交点的连线　　④望远镜镜筒的中心线

【5-5】

将一台视准轴不垂直于横轴的经纬仪安平后，望远镜绕横轴旋转，此时视准轴轨迹面是（　　）

①圆锥面　　②竖直平面　　③抛物面　　④倾斜平面

【5-6】

全站仪的组成是由光电测距仪、电子经纬仪和（　　）

①电子水准仪　　②罗盘仪

③坐标测量仪　　④数据处理系统

【5-7】

全站仪的主要技术指标有最大测程、测角精度、放大倍率和（　　）

①最小测程　　②自动化程度　　③测距精度　　④缩小倍率

【5-8】

Nikon DTM-352/DTM-332 全站仪的标称精度为（3mm＋2ppm×D），如果用此仪器测量 2km 的距离，其误差的大小为（　　）

①±7mm　　②±5mm　　③±3mm　　④±2mm

【5-9】

全站仪测量点的高程的原理是（　　）

①水准测量原理　　②三角测量原理

③三角高程测量原理　　④摄影测量原理

【5-10】

用校正好的经纬仪观测同一竖直面内，不同高度的若干目标，水平盘读数和竖盘读数分别为（　　）

①相同，相同　　②不相同，不相同　　③相同，不相同　　④不相同，相同

【5-11】

用经纬仪测水平角三次，其结果见表5-1，最后结果的中误差为（　　）

①$\pm\sqrt{0.42}''$　　②$\pm\sqrt{0.54}''$　　③$\pm\sqrt{2.50}''$　　④$\pm\sqrt{1.16}''$

表5-1　　习题［5-11］表

观测值	观测测回数
75°40′11.00″	2
75°40′12.5″	1
75°40′10.0″	2

【5-12】

用经纬仪测水平角5个测回，结果见表5-2，求算术平均值中误差（　　）

①$\pm\sqrt{1.16}''$　　②$\pm\sqrt{8.50}''$　　③$\pm\sqrt{1.70}''$　　④$\pm\sqrt{1.14}''$

表5-2　　习题［5-12］表

观测次序	观测值
1	30°06′00″
2	30°05′59″
3	30°06′05″
4	30°06′03″
5	30°06′02″

【5-13】

附合导线测量如图5-1所示，测角结果见表5-3，方位角的闭合差为（　　）

①0″　　②10″　　③20″　　④30″

表5-3　　习题［5-13］表

β_1	64°51′10″
β_2	246°08′50″
β_3	58°36′30″
β_4	211°23′10″
β_5	199°00′20″

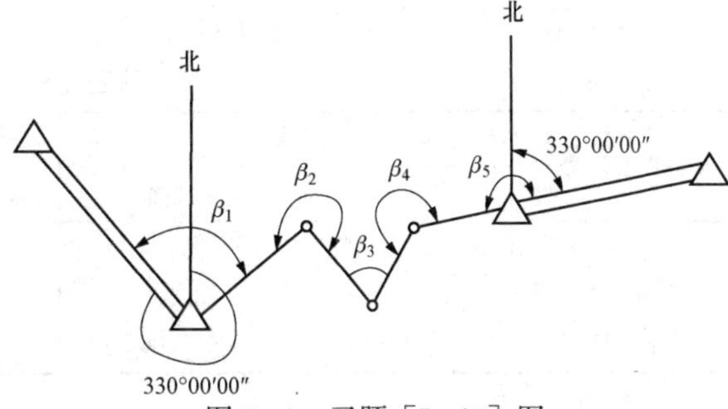

图5-1　习题［5-13］图

【5-14】

A、B 两点的坐标为 x_A、y_A 及 x_B、y_B，测量学中两点间距离的常用计算公式为（　　）

①$D=\sqrt{(x_B-x_A)^2+(y_B-y_A)^2}$　　②$D=\dfrac{y_B-y_A}{\sin\alpha_{AB}}$

③$D=\dfrac{x_B-x_A}{\cos\alpha_{AB}}$　　④$D=\dfrac{y_B-y_A}{\sin\alpha_{AB}}=\dfrac{x_B-x_A}{\cos\alpha_{AB}}$

【5-15】

用全站仪进行坐标测量时，在测站点瞄准后视点后方向值应设置为（　　）

①后视点至测站点的方位角　　②测站点至后视点的方位角

③0°00′00″　　④90°

【5-16】

GPS 全球定位系统目前采用的坐标系统是（　　）

①WGS-72 系统　②WGS-84 系统　③C80 系统　④P54 系统

【5-17】

GPS 定位方法，按其定位结果来分，可分为（　　）

①绝对定位和单点定位　　②单点定位和双点定位

③绝对定位和相对定位　　④动态定位静态定位

【5-18】

在直线定向中，测定磁方位角的仪器是（　　）

①天文望远镜　②罗盘仪　③陀螺经纬仪　④全站仪

【5-19】

同一张地形图上等高线平距，等高距分别描述为（　　）

①相同，相同　②不相同，相同　③不相同，不相同　④相同，不相同

【5-20】

全园测回法若规定 2C 变动范围为 18″，实测的 2C 值为＋16″、＋01″、＋17″、－03″，则 2C 的变动（　　）

①超限　②没超限　③－03″超限　④一部分超限

【5-21】

某水平角需要观测 6 个测回，第 5 个测回度盘起始读数应配置在（　　）附近

①60°　②120°　③150°　④90°

【5-22】

四等水准测量某测站观测结果如表 5-4 所示，算得高差中数为（　　）

①－0.051　②＋0.037　③－0.064　④＋0.038

表 5-4　习题［5-22］表

方向及尺号	标尺读数		K＋黑－红（mm）	高差中数	备注
	黑面	红面			
后 106	1.211	5.896	＋2		$K_{106}=4.687$
前 107	1.173	5.960	0		$K_{107}=4.787$
后－前	＋0.038	－0.064	＋2		

【5-23】

已知圆曲线起点桩号为 1+252.343；终点桩号为 1+284.341，用偏角法细部放样时，设曲线相邻两细部点弧长 l 取 10m，则第一个和最后一个细部点的桩号是（　　）

①1+262.343　1+282.343　　②1+262.343　1+280.000

③1+260.000　1+274.341　　④1+260.000　1+280.000

【5-24】

已知圆曲线起点桩号为 1+252.343，终点桩号为 1+284.341，用偏角法细部放样时，设曲线相邻两细部点弧长 l 取 10m，则起点到第一个细部点及终点与相邻细部点弧长分别为（　　）

①10m，10m　　②10m，1.998m

③7.657m，4.341m　　④7.657m，10m

【5-25】

用一台望远镜视线水平时，盘左竖盘读数为 90°，望远镜视线向上倾斜时读数减少的 J6 级经纬仪观测目标，得盘左盘右竖盘读数分别为 $L=124°03'30''$，$R=235°56'54''$，则算得竖直角及指标差为（　　）

①$+34°03'18''$，$-12''$　　②$-34°03'18''$，$+12''$

③$-34°03'18''$，$-12''$　　④$+34°03'18''$，$-24''$

【5-26】

观测竖直角时，调节竖盘指标水准管气泡居中目的是（　　）

①使横轴水平　　②使指标处于正确位置

③使竖轴竖直　　④使视准轴水平

【5-27】

某经纬仪测水平角，一测回的中误差 $m=\pm15''$，欲使测角精度达到 $\pm5''$，需测回数为（　　）

①3　②6　③9　④12

【5-28】

由 A 点（$H_A=417.298$m）经 Q 点至 B 点（$H_B=413.460$m）进行水准测量，得各段高差和距离如图 5-2 所示，由此算得 Q 点的高程为（　　）

①414.868　②414.850

③414.856　④414.859

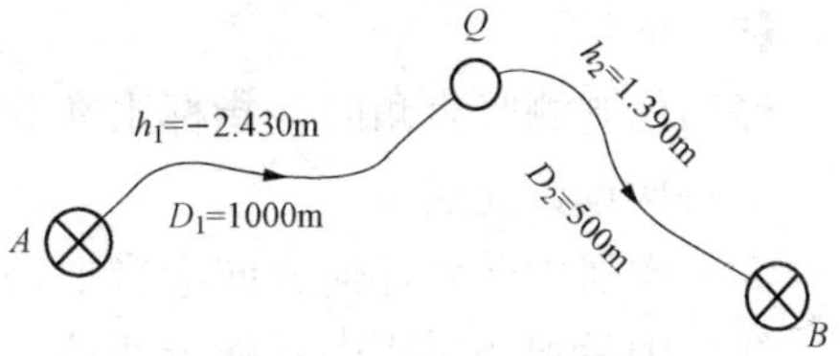

图 5-2　习题［5-28］图

【5-29】

视距测量中，读得标尺下、中、上三丝读数分别为 1.548，1.420，1.291，算得竖直角为 $-2°34'$。设仪器高为 1.45m，测站点至标尺点间的平距和高差为（　　）

①25.7　1.15　　②25.6　−1.12

③25.6　−1.18　　④25.7　−1.12

【5-30】

水准仪各轴线应满足的关系为（　　）（其中 L_0L_0、LL、VV、CC 分别为圆水准轴、水准管轴、竖轴、视准轴）

①$L_0L_0 \perp LL$　$LL // CC$　②$L_0L_0 // CC$ $LL // VV$
③$L_0L_0 // VV$　$LL // CC$　④$L_0L_0 \perp VV$ $LL // CC$

【5-31】
水准仪观测时操作顺序是（　　）
①粗平 精平 瞄准 读数　②精干 粗平 瞄准 读数
③粗平 瞄准 精平 读数　④以上无正确操作顺序

【5-32】
微倾水准仪观测读数前要操作长水准管使气泡（　　）
①居中
②后视居中，转到任何位置应满足要求，否则改正
③一次居中，观测过程中不能再转动
④偏离一格内可以观测

【5-33】
水准仪长水准管校正时气泡应（　　）
①拨回偏离的一半
②半像重合
③拨回偏离的一半，另一半用脚螺旋居中
④先动脚螺旋返回一半，再拨校正螺丝居中

【5-34】
经纬仪测角时水平度盘各测回拨动 $180°/n$ 为（　　）
①防止错误　②提高精度
③减小归零差　④减小度盘刻划不均匀误差

【5-35】
水平角要求观测四个测回，第四测回度盘应配置（　　）
①45°　②90°　③135°　④180°

【5-36】
经纬仪观测竖直角时，指标水准管气泡（　　）
①每次读数前居中
②一次居中转到任何方向应居中，否则校正
③居中后观测过程中不能再调动
④偏离在允许范围可以观测

【5-37】
仪器视线高程是（　　）
①望远镜十字丝交点到地面的距离　②仪器安置好后视线的高度
③仪器视线到大地水准面的垂直距离　④仪器视准轴到地面的垂直距离

【5-38】
水平角观测一测回解释为（　　）
①全部测量一次叫一测回
②往返测量叫一测回

③盘左、盘右观测的两个半测回合称为一测回

④循环着测一次

【5-39】

点的绝对高程是由（　　）起始至地面点的垂直高度

①水准面　②水平面　③大地水准面　④任一平面

【5-40】

直线的正反坐标方位角相差（　　）

①0°　②180°　③90°　④270°

【5-41】

用微倾水准仪观测，每次读数前必须转动（　　），使长水管气泡居中。

①微动螺旋　②水平制动螺旋　③脚螺旋　④微倾螺旋

【5-42】

经纬仪各主要轴线应满足的关系为（　　）

①$LL \perp VV$　$CC /\!/ HH$　$HH \perp VV$　②$LL /\!/ VV$　$CC \perp HH$　$HH \perp VV$

③$LL \perp VV$　$CC \perp HH$　$HH /\!/ VV$　④$LL \perp VV$　$CC \perp HH$　$HH \perp VV$

【5-43】

已知测角中误差 $m=\pm 20''$，共观测四个测回，该角算术平均值的中误差 $m_{\bar{x}}=$为（　　）

①40″　②10″　③5″　④80″

【5-44】

已知 $x_A=2192.54\text{m}$　$y_A=1556.40\text{m}$，$x_B=2179.74\text{m}$　$y_B=1655.64\text{m}$

该直线的坐标方位角 α_{BA} 为（　　）

①−82°39′02″　②97°20′58″　③277°20′58″　④82°39′02″

【5-45】

DJ_6 型光学经纬仪分微尺（固定分微尺，如西光厂 DJ_6）最小估读数为（　　）

①1′　②6″　③5″　④10″

【5-46】

四等水准测量一测站中，用水准尺黑面测得高差为＋0.054，红面测得高差为－0.045，则高差中数为（　　）

①－0.0450　②＋0.0550　③－0.0545　④＋0.0545

【5-47】

高斯投影分带已知带号为20带，6°带的中央子午线为（　　）

①120°　②60°　③117°　④57°

【5-48】

圆曲线测设已知转折点的桩号为4＋150.940，算得切线长35.265m，曲线长69.813m，外矢距3.085m，则中点桩号为（　　）

①4＋154.025　②4＋186.205　③4＋150.581　④4＋220.753

【5-49】

已知 A、B 两点坐标：$x_A=1000.000$，$y_A=1000.000$；$x_B=500.000$，$y_B=500.000$，求方位角 α_{AB} 为（　　）

①45°00′00″ ②225°00′00″ ③135°00′00″ ④315°00′00″

【5-50】

某距离往测为82.424，返测为82.460，相对中误差为（ ）

①36/82442 ②0.0004 ③1/2290 ④0.44‰

【5-51】

白塞尔公式用（ ）计算中误差

①真误差 ②改正数 ③偶然误差 ④平均误差

【5-52】

误差传播定律是计算（ ）中误差公式

①算术平均值 ②加权算术平均值

③直接观测量 ④直接观测量的函数

【5-53】

高程控制测量用（ ）实施

①三角网 ②导线网 ③水准网 ④前后方交会插网

【5-54】

用两架不同的仪器观测某角，观测值及其中误差为β_1=84°15′36″±2″，β_2=84°15′26″±4″，则最后结果为：（ ）

①84°15′34″±4″ ②84°15′31″±4″

③84°15′34″±2″ ④84°15′31″±3″

【5-55】

水准测量中，设一个测站的中误差为±m，若一公里有n个测站，则k公里的中误差为：（ ）

①±m ②±$\sqrt{knm}$ ③±$\sqrt{nm}$ ④±$\sqrt{km}$

【5-56】

用两台不同精度的经纬仪测角，观测值及中误差为β_{I}=90°20′18″±8″，β_{II}=90°20′13″±2″，下列不正确的权重（ ）

①1/64 1/4 ②1 16 ③1/16 1 ④1/8 1/2

【5-57】

高斯平面直角坐标系与笛卡尔坐标系区别是（ ）

①x轴和y轴互换，第一象限相同，象限顺时针编号

②x轴和y轴互换，第一象限相同，象限逆时针编号

③x轴和y轴不变，第一象限相同，象限逆时针编号

④x轴和y轴不变，第一象限不同，象限顺时针编号

【5-58】

在CASS中执行下拉菜单“等高线\建立DTM”命令时，可以选择（ ）建立

①由坐标数据文件或图面高程点 ②只能从坐标数据文件中

③只能由图面高程点 ④同时由坐标数据文件和图面高程点

【5-59】

施工控制网包括（ ）

①平面控制与高程控制 ②水准网

③导线与三角网 ④GPS 控制网

【5－60】

使用全站仪进行坐标测量或放样前，测站设置的项目为（ ）

①后视点与棱镜高 ②测站坐标、仪器高、后视点及棱镜高

③后视点与棱镜高 ④没有设置项目

思考练习二　多 项 选 择

在每题的五个备选答案中，选出二至五个正确答案，并将其号码分别写在题后的（　　）内。

【5-61】

地面点位置的确定，坐标系的种类有（　　）

①地理坐标　②平面直角坐标　③高斯平面直角坐标

④空间直角坐标　⑤大地坐标

【5-62】

水准仪的使用操作包括：（　　）

①安置仪器　②粗略整平　③消除视差　④瞄准目标

⑤精平读数

【5-63】

经纬仪检验校正的内容包括：（　　）

①照准部水准管的检验校正　②十字丝竖丝垂直于横轴的检验校正

③视准轴垂直于横轴的检验校正　④横轴垂直于竖轴的检验校正

⑤竖盘指标水准管的检验校正

【5-64】

偶然误差的特性是：（　　）

①有限性　②预见性　③单峰性　④对称性

⑤抵偿性

【5-65】

四等水准测量，在一个站上观测应读出数据（　　）

①后视距　②后视尺黑面读数（上中下三丝）

③前视尺黑面读数（上中下三丝）　④前视尺红面读数（中丝）

⑤后视尺红面读数（中丝）

【5-66】

测量中确定地面点相对位置的基本几何要素为（　　）

①方位角　②距离　③方向　④水平角

⑤高程

【5-67】

测量的基本工作是（　　）

①距离测量　②水平角测量　③碎部测量　④控制测量

⑤高程测量

【5-68】

如图 5-3 所示，导线布设形式为：（　　）

①图 1　②图 2　③图 3　④图 4

⑤图 5

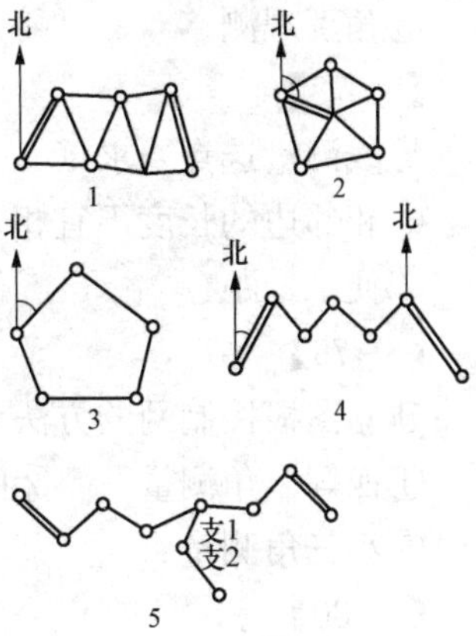

【5-69】

两端有基线的小三角锁依据（　　）条件进行近似平差计算

①高差闭合差　　②三角形角度闭合差

③基线闭合差　　④方位角闭合差

⑤坐标增量闭合差

【5-70】

水准测量中水准尺常用的尺长常数有：（　　）

①4.687　　②0.46　　③4.678

④0.64　　⑤4.787

图5-3　习题［5-68］图

【5-71】

四等水准测量测站上的限差规定为（　　）

①最大视距≤100m　　②前后视距差绝对值≤5m

③前后视距累积差绝对值≤10m　　④黑红面读数差的绝对值≤3mm

⑤黑红面所测高差之差的绝对值≤5mm

【5-72】

圆曲线测设时应提前选定和测定的曲线元素为（　　）

①曲线半径 R　　②曲线长度 L　　③切线长度 T　　④转折角 α

⑤外矢距 E

【5-73】

圆曲线上的主点有（　　）

①起点（直圆点）　②中点（曲中点）　③转折点　④圆心点

⑤终点（圆直点）

【5-74】

测量学的任务是（　　）

①确定地面点位　②外业工作　③测定　④测设

⑤变形观测

【5-75】

水准测量中的系统误差有：（　　）

①水准管轴不平行视准轴的误差　　②估读水准尺的误差

③水准尺倾斜引起的读数误差　　④水准管气泡居中误差

⑤仪器与尺垫下沉引起的高差误差

【5-76】

用三角测量方法建立的国家平面控制网分为（　　）

①一等三角锁　②二等三角网　③三等三角网　④四等三角网

⑤图根小三角网

【5-77】

小三角测量的外业工作包括（　　）

①测区踏勘，调查收集历史资料，选点　　②基线丈量

③角度观测 ④角度平差和坐标计算 ⑤起始边定向

【5-78】

导线测量选点要求（ ）

①相邻边的长度不宜相差太大 ②各个点都应通视 ③便于测角

④便于量距 ⑤便于测绘碎部

【5-79】

建立图根控制网的方法（ ）

①四等三角测量 ②四等水准测量 ③交会定点 ④导线测量

⑤小三角测量

【5-80】

导线测量的外业工作包括（ ）

①测区踏勘选点 ②基线丈量 ③角度观测 ④距离测量

⑤联系测量

【5-81】

任何一项工程建设的（ ）阶段离不了测量工作

①勘测 ②规划 ③设计 ④施工

⑤运营、管理

【5-82】

水平角观测的常用方法是（ ）

①双仪高法 ②双面尺法 ③三角高程法 ④测回法

⑤全圆测回法（方向观测法）

【5-83】

方位角推算时，相邻两条边方位角的正确关系为（ ）

①$\alpha_{前}=\alpha_{后}+180^\circ+\beta_{左}$ ②$\alpha_{前}=\alpha_{后}+\beta_{左}$

③$\alpha_{前}=\alpha_{后}+180^\circ+\beta$ ④$\alpha_{前}=\alpha_{后}+180^\circ-\beta_{右}$

⑤ $\alpha_{前}=\alpha_{后}-\beta_{右}$

【5-84】

指出等精度和非等精度观测条件下，由观测值求算术平均值和加权算术平均值中误差的正确计算公式（V是观测值的改正数）（ ）

①$\pm\sqrt{[VV]/n(n-1)}$ ②$\pm\sqrt{[PVV]/(n-1)}$

③$\pm\sqrt{[PVV]/[P](n-1)}$ ④$\pm\sqrt{[VV]/(n-1)}$

⑤$\pm\sqrt{[VV]/n-1}$

【5-85】

导线点坐标计算时，应对导线的（ ）进行平差调整

①角度闭合差 ②高差闭合差 ③基线闭合差 ④坐标增量闭合差

⑤边长闭合差

【5-86】

视距测量中视线倾斜时计算距离和高差的公式为（ ）

①$D=kn\cos^2\alpha$　　②$h=i-L$　　③$D=kn\cos 2\alpha$

④$h=\frac{1}{2}kn\sin 2\alpha+i-L$　　⑤$h=D\tan\alpha+i-L$

【5-87】

水准路线布设的形式有（　　）

①闭合水准路线　②附和水准路线　③支水准路线　④三角高程路线

⑤视距测量路线

【5-88】

水准仪几何轴线及十字丝应满足的关系为（　　）（其中 L_0L_0. LL，CC，VV 分别为圆水准轴，长水准管轴，视准轴和竖轴）

①$L_0L_0\perp VV$　　②$L_0L_0 /\!/ VV$　　③$LL /\!/ CC$

④十字丝横丝垂直于 VV　　⑤$LL\perp CC$

【5-89】

在独立地区布设导线，外业工作有（　　）

①踏勘选点建立标志　　②坐标计算　　③量边

④测转折角　　⑤测起始边的磁方位角

【5-90】

将水准仪安置在前后视距相等的位置，主要目的是消除（　　）

①水准管轴不平行于视准轴引起的误差　②地球曲率引起的误差

③水准尺倾斜引起的误差　④大气折光引起的误差

⑤尺垫下沉引起的误差

【5-91】

地形图上表示地物的符号有（　　）

①比例符号　②注记符号　③等高线　④计曲线

⑤非比例符号

【5-92】

地形图上地貌等高线可以用（　　）表示

①非比例符号　②线形符号　③计曲线　④首曲线

⑤间曲线

【5-93】

国家水准测量分为（　　）

①一、二等水准测量　　②闭合水准测量

③附合水准环线测量　　④支水准环线测量

⑤三、四等水准测量

【5-94】

圆曲线主点的放样，应先计算出（　　）

①曲线半径　②切线长　③曲线长　④转折角

⑤外矢距

【5-95】

等高线具有下列特性（　　）

①垂直跨越河流　②各点高程相等　③是一条自行闭合的连续曲线

④必须在图内闭合，不能在图外闭合　⑤与山脊线和山谷线垂直相交

【5-96】

经纬仪的使用操作包括（　　）

①对中　②整平　③对零　④瞄准

⑤读数

【5-97】

测设点位的方法有（　　）

①直角坐标法　②极坐标法　③角度交会法　④距离交会法

⑤直角交会法

【5-98】

经纬仪各轴线应满足的关系为（　　）

①照准部水准管轴垂直于竖轴　②竖轴平行长水准轴

③视准轴垂直于横轴　④横轴平行竖轴

⑤横轴垂直于竖轴

【5-99】

全圆测回法（方向观测值）的误差要求有（　　）

①半测回归零差　②两倍照准误差的变动范围

③指标差　④各测回同一归零方向值的互差

⑤$2C$ 误差

【5-100】

测量工作中地面点的坐标系有（　　）

①地理坐标系　②高斯平面直角坐标系

③独立平面直角坐标系　④坐标系

⑤施工坐标系

【5-101】

偏角法是用（　　）测设圆曲线细部点

①转折角　②弧线　③切线　④偏角

⑤弦线

【5-102】

与导线测量比较，三角测量适合的测区是（　　）

①山区　②丘陵地区　③通视良好地区　④量距方便的地区

⑤测角方便的地区

【5-103】

水准仪检验校正的内容（　　）

①照准部水准管　②圆水准器　③长水准管　④十字丝

⑤指标水准管

【5-104】

下列地形图比例尺属于大比例尺是（ ）

①1：100000 ②1：1000 ③1：500 ④1：2000

⑤1：50000

【5-105】

三角高程测量是根据两点的（ ）计算两点的高差

①水平角 ②斜距 ③平距 ④竖直角

⑤仪器视线高程

【5-106】

施工放样中（已知两控制点 A、B 和设计点位 P）极坐标法是用（ ）放样出 P 点的位置

①方位角 ②水平角 ③坐标 ④水平距离

⑤竖直角

【5-107】

三角锁坐标计算，对各三角形内角编号通常规定（ ）

①已知边对角为 a_i ②传距边对角为 b_i

③间隔边对角为 c_i ④已知边对角 b_i

⑤传距边对角为 a_i

【5-108】

平面控制网可以（ ）实现（施）

①高程控制网 ②水准网 ③三角网 ④导线网

⑤支水准网

【5-109】

权是（ ）时衡量观测值（ ）数值

①等精度观测 ②非等精度观测 ③可靠程度 ④相对性

⑤绝对性

【5-110】水准路线的成果检核方法有（ ）

①变动仪高法 ②双面尺 ③附合水准路线 ④闭合水准路线

⑤支水准路线

思考练习三　判断正误

认为正确在（　　）内打“√”；错误打“×”。

【5-111】

测量学是研究地球的形状和大小以及确定地面点位的科学。（　　）

【5-112】

测量学的内容只包括测绘地形图。（　　）

【5-113】

任意一水平面都是大地水准面。（　　）

【5-114】

地面点到大地水准面的铅垂距离，称为该点的绝对高程，或称海拔。（　　）

【5-115】

在独立平面直角坐标系中，规定南北方向为纵轴，记为 x 轴，东西方向为横轴，记为 y 轴。（　　）

【5-116】

确定地面点相对位置的三个基本要素是水平角、距离及高程。（　　）

【5-117】

我国位于北半球，在高斯平面直角坐标系中，x 坐标均为正值，而 y 坐标有正有负，为避免横坐标出现负值，故规定把坐标纵轴向西平移 500km。（　　）

【5-118】

在 6 度分带的高斯平面直角坐标系中，某点 A 的横坐标 Y_A 为 20637680m，则点 A 位于第 26 度带内。（　　）

【5-119】

测量工作必须遵循的原则是“从整体到局部”“先控制后碎部”。（　　）

【5-120】

水准测量是利用水准仪提供的一条水平视线，并借助水准尺，来测定地面两点间的高差，这样就可由已知的高程推算未知点的高程。（　　）

【5-121】

我国采用黄海平均海水面作为高程起算面，并在青岛设立水准原点，该原点的高程为零。（　　）

【5-122】

水准仪的视线高程是指视准轴到地面的垂直高度。（　　）

【5-123】

微倾水准仪的作用是提供一条水平视线，并能照准水准尺进行读数，当管水准器气泡居中时，水准仪提供的视线就是水平视线。（　　）

【5-124】

产生视差的原因是目标太远，致使成像不清楚。（　　）

【5-125】

使用微倾水准仪时，在读数之前要转动微倾螺旋进行精平。(　　)

【5-126】

在水准测量中起传递高程作用的点称为转点。(　　)

【5-127】

水准测量中，闭合水准路线高差闭合差等于各站高差的代数和。(　　)

【5-128】

水准测量中计算检核不但能检查计算是否正确，而且能检核观测和记录是否存在错误。(　　)

【5-129】

在水准测量中，测站检核通常采用变动仪器高法和双面尺法。(　　)

【5-130】

附合水准路线中各待定高程点高差的代数和在理论上等于零。(　　)

【5-131】

闭合水准路线上高差的代数和在理论上等于零。(　　)

【5-132】

在水准测量内业工作中，高差闭合差的调整是按与测站数（或距离）成正比例反符号分配的原则进行。(　　)

【5-133】

在附合水准路线中，根据闭合差调正后的高差，由起始点 A 开始，推算出各点高程，最后算得终点 B 点的高程应与已知的高程 H_B 相等。(　　)

【5-134】

如果水准仪竖轴 VV 与圆水准轴 L_0L_0 不平行，且交角为 α，当用脚螺旋使圆水准器气泡居中后，再将仪器旋转 180°，则此时仪器竖轴与圆水准轴的交角仍为 α，但圆水准器气泡表现出 2α 的偏差。(　　)

【5-135】

将水准仪安置在前、后视距相等的位置，可消除水准管轴不平行于视准轴引起的误差。(　　)

【5-136】

用经纬仪观测水平角时，对中的作用是将水平度盘中心安放在测站点铅垂线上。(　　)

【5-137】

经纬仪观测水平角，仪器整平的目的是使水平度盘水平和竖轴竖直。(　　)

【5-138】

DJ_6 表示水平方向测量一测回的方向中误差不超过±6″的大地测量经纬仪。(　　)

【5-139】

用经纬仪观测水平角时，已知左方目标读数为 350°00′00″，右方目标读数为 10°00′00″，则该角值为 20°00′00″。(　　)

【5-140】

用经纬仪观测水平角时，同一测回：盘左位置瞄目标 1 时的读数为 0°12′00″，盘右位置

瞄目标 1 时的读数不考虑误差的理论值为 180°12′00″。(　　)

【5-141】

观测水平角时，为了提高精度需观测多个测回，则各测回的度盘配置应按 $360°/n$ 的值递增。(　　)

【5-142】

观测水平角时，各测回改变起始读数（对零值），递增值为 $180°/n$，这样做是为了消除度盘分划不均匀误差。(　　)

【5-143】

全圆测回法观测水平角时，须计算（1）半测回归零差；（2）一测回 $2c$ 的变动范围；（3）各测回同一方向归零值互差，它们都满足限差要求时，观测值才是合格的。(　　)

【5-144】

竖直角是指同一竖直面内视线与水平线间的夹角，因此在竖直角观测中只需读取目标点一个方向的竖盘读数。(　　)

【5-145】

采用经纬仪观测竖直角时，如果盘左观测时计算竖直角的公式为 $\alpha_{左}=90°-L$，那么盘右观测时，计算竖直角的公式为 $\alpha_{右}=270°-R$。(　　)

【5-146】

如果经纬仪盘左位置时其始读数为 90°，当望远镜视线上仰时，读数减小，这时竖直角计算公式为：$\alpha_{左}=90°-L$。(　　)

【5-147】

方位角的范围是 0°～±180°。(　　)

【5-148】

测距仪测距，设光速 C 已知，如果在待测距离上光往返传播的时间 t_{2D} 已知，则测距 D 可由下式求出：$D=C\cdot t_{2D}/2$。(　　)

【5-149】

直线定向的标准方向有真子午线方向，磁子午线方向和坐标纵轴方向三种。(　　)

【5-150】

由标准方向的北端起，逆时针方向量到某直线的水平夹角，称为该直线的方位角。(　　)

【5-151】

正反坐标方位角在理论上具有下式关系：$\alpha_{12}+\alpha_{21}=360°$。(　　)

【5-152】

已知 $x_A=100.00$，$y_A=100.00$；$x_B=50.00$，$y_B=50.00$，坐标反算 $a_{AB}=45°00'$。(　　)

【5-153】

推算坐标方位角的一般公式为 $\alpha_{前}=\alpha_{后}+180°\pm\beta$，其中，$\beta$ 为左角取负号，β 为右角取正号。(　　)

【5-154】

罗盘仪可用来测定直线磁方位角。(　　)

【5-155】

系统误差通过认真操作，仪器检校可以完全消除。(　　)

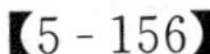

【5-156】

大量偶然误差就总体来看，具有一定的统计特性，根据它的特性，合理的处理观测数据，能减小偶然误差对测量成果的影响。(　　)

【5-157】

已知测角中误差 $m=\pm 20''$，观测四次，该角算术平均值的中误差为 $\pm 5''$。(　　)

【5-158】

偶然误差的有限性是指一定的观测条件下，偶然误差的绝对值有一定限值，或者说，超出该限值的误差出现的概率为零。(　　)

【5-159】

利用观测值的改正数 V_i 来计算中误差的公式为 $m=\pm\sqrt{\frac{[VV]}{n-1}}$ 该式称为白塞尔公式。(　　)

【5-160】

在非等精度观测中，权是衡量各次观测结果可靠性的相对数值，权越小，观测结果越可靠。(　　)

【5-161】

平面控制网的形式有导线控制网和三角控制网。(　　)

【5-162】

导线的布设形式有闭合导线，附合导线，支导线三种。(　　)

【5-163】

导线测量的外业工作包括踏勘选点及建立标志量边，测角和联测。(　　)

【5-164】

由于测量有误差，闭合导线的角度闭合差在理论上不等于零。(　　)

【5-165】

闭合导线各边坐标增量的代数和在理论上等零。(　　)

【5-166】

闭合导线角度闭合差的调整是按反号平均分配的原则进行的。(　　)

【5-167】

对横坐标和纵坐标的坐标增量闭合差 f_x、f_y，的调整原则是反符号按边长成正比分配到各边的纵、横坐标的增量中。(　　)

【5-168】

小三角测量与导线测量相比，它的特点是测角的任务较重，但量距工作量大大减少，只精密丈量 1～2 条边的长度。(　　)

【5-169】

两点之间的绝对高程之差与相对高程之差相等。(　　)

【5-170】

两端有基线的小三角锁计算，按基线条件对角度进行第二次改正。(　　)

【5-171】

在同一测站上，用经纬仪照准同一竖直面内不同高度的两点，读得竖盘的两个读数，则

两读数之差即为竖直角。(　　)

【5-172】

四等水准测量中，前、后视距差不能超过 5m。(　　)

【5-173】

四等水准测量要求，视距累积差小于 3m，视距长小于 100m。(　　)

【5-174】

在四等水准测量中，同一测站上红面和黑面高差之差小于等于 5mm。(　　)

【5-175】

偏角法是用切线长和转折角测设圆曲线细部点的。(　　)

【5-176】

某地形图的等高距为 1m，测得两地貌特征点的高程分别为 418.7m 和 421.8m，则通过这两点间的等高线有两条，它们的高程分别是 419m 和 420m。(　　)

【5-177】

在等高距不变的情况下，等高线平距愈小，即等高线愈密，则坡度愈缓。(　　)

【5-178】

点的高程放样时，视线高程为 18.205m，放样点 P 的高程 15.517m 时，则 P 点水准尺上的读数为 2.688m。(　　)

【5-179】

在测设圆曲线的主点时，首先必须计算出圆曲线的转折角 α，圆曲线半径 R，切线 T，曲线长 L 和外矢距 E。(　　)

【5-180】

采用偏角法测设圆曲线细部点时，经纬仪必须安置在转折点 P 点。(　　)

思考练习四 填 空

选择合适词、句填充在________上。

【5-181】

大地水准面是________中与________重合并向大陆、岛屿延伸而形成的封闭曲面。

【5-182】

点的绝对高程是由________起算到地面点的________。

【5-183】

高斯投影中，离中央于午线越近的部分变形______，离中央子午越远变形越______。

【5-184】

在高斯平面直角坐标系中，有一点的坐标为 x=685923m，y=20637680m，其中央子午线在 6°带中的经度为________。

【5-185】

某地面点的经度为 118°50′，它所在 6°带带号为________，其 6°带的中央子午线的经度是________。

【5-186】

地面上任意一点的纬度，即通过该点的________与________面的交角。

【5-187】

确定地面点位相对位置的三个基本要素是________、________。及高程。

【5-188】

测量工作的基本原则为________、________。

【5-189】

我国统一高程起算基准面为________平均海水面。用________作为高程起算点。

【5-190】

水准测量中用来传递高程的点称为________。

【5-191】

水准测量后视读数为 1.124m，前视读数为 1.428m，则后视点比前视点________，两点高差为________。

【5-192】

水准测量后视读数为 1.425m，前视读数为 1.212m，则后视点比前视点________。两点高差为________。

【5-193】

水准测量中已知 A 点高程为 H_A，求 B 点高程时，A 点尺上读数称________，B 点尺读数称________。

【5-194】

闭合水准路线高差闭合差是________与理论高差总和值之差。

【5-195】

在同一条水准路线上，进行等精度观测，则闭合差调整的方法是________。

【5-196】

水准仪的主要部件有________、________基座。

【5-197】

产生视差是________而形成的。

【5-198】

水准测量原理是利用水准仪提供的________测定地面上两点间的高差。

【5-199】

在经纬仪测角中，用盘左、盘右观测取中数的方法可消除________的影响。

【5-200】

采用单平行板玻璃测微器的经纬仪（北光 J6-I 型）的度盘刻划值为________。采用固定分微尺装置的光学经纬仪（西光 J6 型）的度盘刻划值为________。

【5-201】

某仪器竖盘刻划按顺时针注记（例如西光厂），盘左始读数 90°，竖直角计算公式盘左为________，盘右为________。

【5-202】

某仪器竖盘刻划按逆时针注记，盘左始读数为 90°，竖直角计算公式，盘左为________，盘右为________。

【5-203】

水平角是____。

【5-204】

竖直角是____。

【5-205】

在水平角观测中，若要求观测三个测回，已知第一测回起始方向读数为 0°12′00″，则第二测回起始方向读数应配置在________。

【5-206】

在全圆测回法观测水平角中，两倍照准误差值的计算公式为________。

【5-207】

测量中所谓距离是指两点间的________距离。

【5-208】

对线段 AB 进行往返丈量，往测时为 85.31m，返测时为 85.33m，则 AB 的长度为____，相对误差为________。

【5-209】

已知直线 AB 的正方位角 $\alpha_{AB}=327°18'00''$，其反方位角 α_{BA} 等于________。

【5-210】

转动脚螺旋整平仪器时气泡移动的方向应与________移动方向一致。

【5-211】

直线定向是确定该直线与________之间的水平夹角。

【5-212】

已知直线 1—32 的正坐标方位角为 65°，直线 1-32 的反坐标方位角为________。

【5 - 213】

从标准方向的北端起________时针方向旋转到某直线的夹角，称为该直线的________。

【5 - 214】

水准测量结果按各水准路线长度定权，路线越________，权越________。

【5 - 215】

角度观测值按测回数确定权，测回数越________权越________。

【5 - 216】

误差传播定律是计算直接观测值________的公式。

【5 - 217】

非等精度观测时，衡量观测值可靠程度的________数值，称为观测值的________。

【5 - 218】

用真误差计算中误差的公式是________。(真误差用Δ表示，观测次数为n)

【5 - 219】

相对误差是________与________之比。

【5 - 220】

真误差和中误差都是________。

【5 - 221】

国家控制网依照施测精度按________等________个等级建立。

【5 - 222】

控制网分为________和________。

【5 - 223】

国家控制网中________级类受________级类逐级控制。

【5 - 224】

图根点是____。

【5 - 225】

与三角控制测量比较，导线控制测量外业工作中，量边的任务____________，测角的任务________。

【5 - 226】

与导线控制测量比较，三角控制测量外业工作中，量边的任务____________，测角的任务________。

【5 - 227】

独立平面控制网要假定一个点________，测一个边的________作为起算数据。

【5 - 228】

两端有基线的单三角锁近似平差计算按________和________条件对三角形内角进行两次改正。

【5 - 229】

导线布设按形式可分为________、________和支导线。

【5 - 230】

坐标正算是已知________求________。

【5-231】

坐标反算是已知________求________。

【5-232】

四等水准测量一站观测值，$h_{黑}=+1.243$，$h_{红}=+1.144$，高差中数为________。

【5-233】

导线网中控制点称为________。

【5-234】

设在陕西省泾阳县永乐镇的大地原点是我国________。

【5-235】

四等水准测量一站观测值，$h_{黑}=+0.072$，$h_{红}=-0.027$，其黑红面高差之差为______。

【5-236】

四等水准测量一站观测值，$h_{黑}=-0.022$，$h_{红}=+0.077$，其黑红面高差之差为______。

【5-237】

同一幅地形图，地面坡度与等高线平距的关系是坡度越陡，平距越________，坡度越缓，平距越________。

【5-238】

等高线是地面上________的点连接而成的连续________曲线。

【5-239】

地形图上 0.1mm 所表示的实地水平长度，称为________。

【5-240】

地形图比例尺精度为________。

【5-241】

等高距越小，显示地貌就会越________，等高距越大，显示地貌就越________。

【5-242】

用经纬仪的望远镜内________装置，根据________原则，同时测量距离和高差的方法称为视距测量。

【5-243】

视距测量计算距离公式为________。

【5-244】

测设的基本工作，就是测设________。

【5-245】

测设点平面位置的方法有________。

【5-246】

视线高程是________到________垂直距离。

【5-247】

在圆曲线测设时，已知路线转折角 $\alpha=18°20'$，曲线中点之偏角为________，终点偏角为________。

【5-248】

偏角法是用________和________测设圆曲线细部点。

【5-249】

施工平面控制网一般布设成两级，一级为________，另一级是________。

【5-250】

圆曲线的五个元素分别为________。

思考练习五 简　　答

简要回答下列问题：

【5－251】

简述测量学的三大任务和分支学科。

【5－252】

什么是绝对高程？什么是相对高程？

【5－253】

测量工作的两个基本原则及其作用是什么？

【5－254】

水准测量的原理是什么？计算高程的方法有哪几种？

【5－255】

水准仪由哪几部分组成？各部分的作用是什么？

【5－256】

水准仪的使用包括哪些操作步骤？

【5－257】

水准测量的内业工作有哪些？

【5－258】

水准仪的检验与校正有哪些内容？

【5－259】

什么叫水平角？测量水平角的仪器必须具备哪些条件？

【5－260】

经纬仪由哪几部分组成？各部分的作用是什么？

【5－261】

简述光学对中器对中操作的过程。

【5－262】

简述经纬仪测回法观测水平角的步骤。

【5－263】

全圆测回法观测水平角有哪些技术要求？

【5－264】

简述竖直角的定义和计算公式，观测水平角和竖直角有哪些异同点？

【5－265】

什么是竖盘指标差 x？怎样计算竖盘指标差 x？

【5－266】

经纬仪有哪些主要轴线？它们之间应满足什么几何条件？

【5－267】

经纬仪的检校包括哪些内容？

【5-268】

直线定向的标准方向有哪些？解释方位角的定义和分类。

【5-269】

罗盘仪的构成和作用是什么？

【5-270】

简述全站仪的安置过程。

【5-271】

怎样操作全站仪使测距更准确？

【5-272】

解释一下无棱镜测距型全站仪。

【5-273】

全站仪测距精度 2+2ppm 表示什么意思？

【5-274】

简述 GPS 的布网原则。

【5-275】

什么是坐标正算问题？什么是坐标反算问题？并写出计算公式。

【5-276】

写出推算坐标方位角的公式，并说明其中符号所代表的含义。

【5-277】

什么是等精度观测？什么是非等精度观测？什么是权？

【5-278】

偶然误差有哪些特性？

【5-279】

试写出白塞尔公式，并说明公式中各符号的含义。

【5-280】

导线有哪几种布设形式，各适用于什么场合？

【5-281】

简述实地选择导线点时应注意的事项。

【5-282】

导线测量的外业工作包括哪些内容？

【5-283】

四等水准测量，一个测站上有哪些技术要求和观测数据？

【5-284】

什么是水准点？什么是转点？

【5-285】

等高线有哪些特性？

【5-286】

附合导线计算与闭合导线计算有何不同？

【5-287】

写出圆曲线要素，切线长、曲线长、外矢距和圆曲线弦长的计算公式。

【5-288】

测设圆曲线的三主点需知道哪些要素？它们是怎样确定的？怎样测设三主点？

【5-289】

用偏角法测设圆曲线细部点的原理是什么？写出偏角和弦长的计算公式。

【5-290】

施工测量的原则是什么？

思考练习六 计 算

【5-291】

在同一观测条件下，对某水平角观测了五个测回，观测值分别为，39°40′30″；39°40′48″；39°40′54″；39°40′42″；39°40′36″，计算该角的算术平均值、水平角观测值中误差和算术平均值中误差。

【5-292】

如图 5-4 所示，五边形内角为 $\beta_1=95°$，$\beta_2=130°$，$\beta_3=65°$，$\beta_4=128°$，$\beta_5=122°$，1～2 边的坐标方位角为 30°，计算其他各边的坐标方位角。

【5-293】

如图 5-5 所示，测得直线 AB 的方位角为 $\alpha_{AB}=81°30'$，B 点的 $\angle B=124°38'$，求直线 BC 的方位角 α_{BC} 为多少？

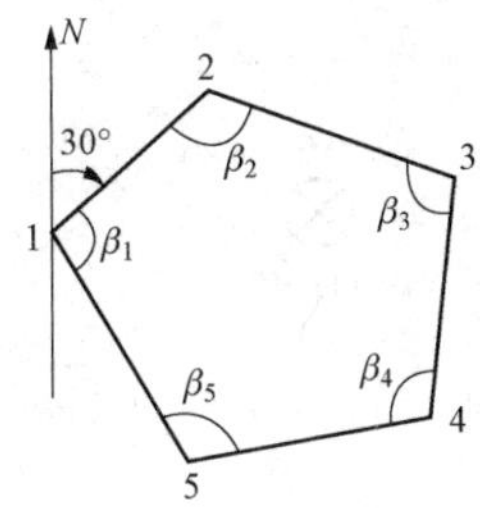

图 5-4 习题［5-292］图

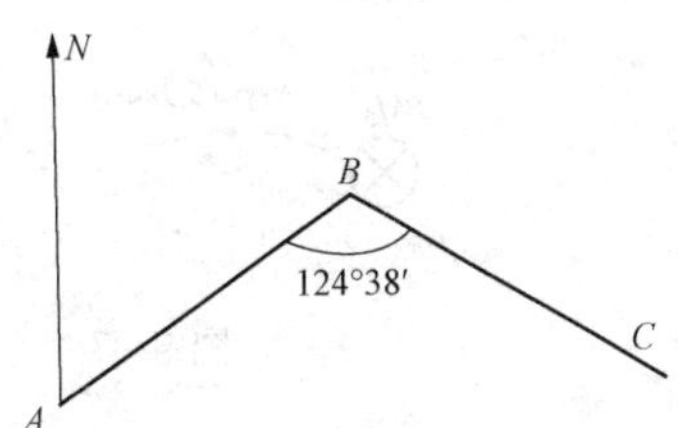

图 5-5 习题［5-293］图

【5-294】

已知 $x_C=8331.24$m，$y_C=7378.09$m，$x_D=8011.24$m，$y_D=7334.40$m，试计算方位角 α_{CD} 与距离 D_{CD}。

【5-295】

已知 $x_A=2507.687$m，$y_A=1215.630$m，AB 的距离 $D=225.85$m，直线 AB 的方位角 $\alpha_{AB}=157°00'36''$，求 B 点的坐标 x_B，y_B。

【5-296】

根据附合水准路线（如图 5-6 所示）的观测成果计算表 5-5 的改正数，改正后高差及各点的高程。

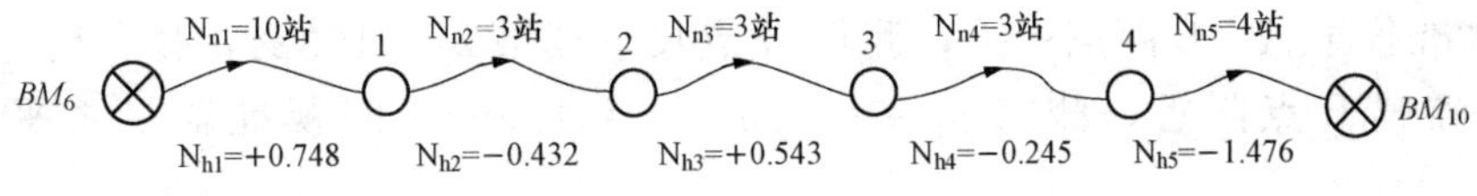

图 5-6 习题［5-296］图

$H_{BM_6}=46.215$　　　　　　　　$H_{BM10}=45.330$

表 5-5　　　　**习题［5-296］表**

点号	测站数	测得高差	改正数	改正后高差	高程
BM_6					46.215
	10	+0.748			
1					
	3	−0.432			
2					
	3	+0.543			
3					
	3	−0.245			
4					
	4	−1.476			
BM_{10}					45.330
Σ					

【5-297】

如图 5-7 所示，BM_5 点的高程 $N_{h5}=134.000$m，BM_7 点的高程 $N_{h7}=144.010$m，BM_5 点到 A 点的高差 $N_{h1}=+5.994$m，测站数为 4 站；BM_7 点到 A 点的高差 $N_{h2}=-4.006$m，测站数为 2 站，计算 A 点高程。

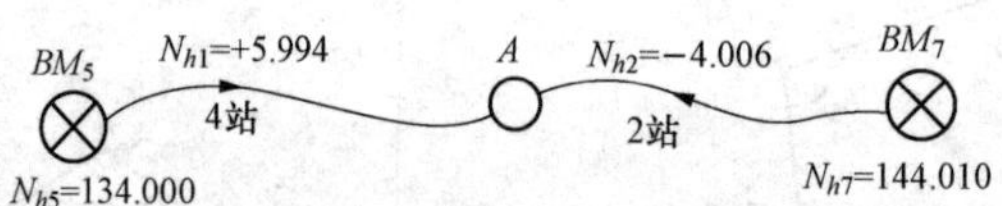

图 5-7　习题［5-297］图

【5-298】

观测图中水准路线，已知 $H_A=25.500$m，$H_B=32.700$m，$H_C=30.000$m，结果见表 5-6，求交点 I 高程的最可靠值及中误差。

表 5-6　　　　**习题［5-298］表**

路线	高差	距离	
$A-I$	+3.145	5km	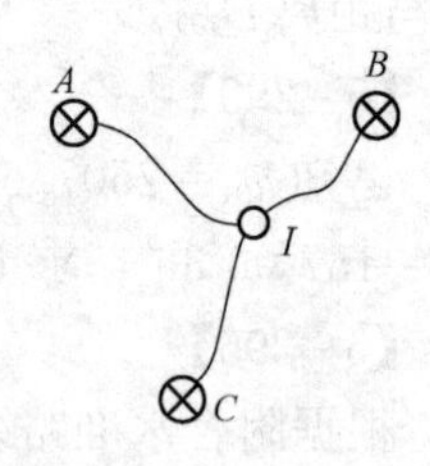
$I-B$	+4.030	4km	
$I-C$	+1.320	2km	

【5-299】

安置水准仪于 A、B 两点中央，测得 A 点尺上读数 $a_1=1.321$，B 点尺上读数 $b_1=1.117$，仪器置 B 点附近，测得 $b_2=1.466$，$a_2=1.695$，问视准轴是否平行于水准管轴？

【5-300】

根据下列观测数据（见表 5-7）完成全圆测回法测水平角记录和计算。

表 5-7 习题［5-300］表

测站	测回数	目标	水平度盘读数（° ′ ″）		2C	$\frac{L+R\pm180}{2}$	归零后的方向值	角值
			盘右 L	盘左 R				
O	1	A	0 02 12	180 02 00				
		B	37 44 23	217 44 04				
		C	110 29 02	290 29 00				
		D	150 14 47	330 14 39				
		A	0 02 19	180 02 08				

【5-301】

设水准测量中，每站观测高差中误差均为±1mm，今要求从已知点推算待定点的高程中误差不大于±5mm，若已知点高程误差忽略不计，求中间最多可设几站？

【5-302】

算术平均值的函数式为 $\overline{X}=\frac{1}{n}(L_1+L_2+\cdots+L_n)$。单观测值的中误差为 m，试写出算术平均值的中误差表达式，若 $n=25$，$m=\pm5$，则 $m_{\overline{x}}$ 为多少？

【5-303】

一直线 AB 的长度 $D=201.644\text{m}\pm0.004\text{m}$，方位角 $\alpha=121°20'00''\pm5°$，求直线端点 B 的点位中误差。($\rho=206265''$)。

【5-304】

用某经纬仪测量水平角，一测回的中误差 $m=\pm15''$，欲使测角精度达到 $\pm5''$，问需要测几个测回。

【5-305】

同精度观测一个三角形的内角 α、β、γ，其中误差：$m_\alpha=m_\beta=m_\gamma=\pm6''$，求三角形角度闭合差 ω 的中误差 mm。

【5-306】

在水准测量中，设一个测站的中误差为 5mm，若一公里有 15 个测站，求 1 公里的中误差和 k 公里的中误差？

【5-307】

设量得 A、B 两点的水平距离 $D=206.26\text{m}$，其中误差 $m_D=\pm0.04\text{m}$，同时在 A 点上测得竖直角 $\alpha=30°00'$，其中误差 $m_\alpha=\pm10''$，试求 A、B 两点的高差（$h=D\tan\alpha$）及其中误差 m_h。

【5-308】

用同一架经纬仪，以不同的测回数观测某一角度，其观测值为：$\beta_1=24°13'36''$（4 个测回），$\beta_2=24°13'30''$（6 个测回），$\beta_3=24°13'24''$（8 个测回），试确定各观测值的权并求加权平均值及中误差。

【5-309】

用某经纬仪对某一个角度进行了五次观测，观测值列见表 5-8，求观测值的中误差 m 及算术平均值的中误差 $m_{\overline{x}}$。

表 5-8 习题［5-309］表

观测次序	观测值 L_i	V	VV	计算
1	85°42′30″			
2	85°42′00″			
3	85°42′00″			
4	85°41′30″			
5	85°42′30″			
	$\overline{X}$= ［V］= ［VV］=			

【5-310】

某一角度，采用不同测回数进行了三次观测，其观测值见表 5-9，试求角度的观测结果及其中误差。

表 5-9 习题［5-310］表

次序	观测值	测回数	权 P	V	PV	PVV
1	75°43′54″	6	6			
2	75°44′02″	5	5			
3	75°43′59″	4	4			
	X=		［P］=			

【5-311】

设三角形 ABC 中，直接观测了∠A 和∠B，其中误差相应为 $m_A=\pm 3''$，$m_B=\pm 4''$，求由∠A、∠B 计算∠C 值时的中误差。

【5-312】

J6 级光学经纬仪观测方向中误差为±6″，而半测回角值为两个方向值之差，求半测回角值的中误差 m_s。

【5-313】

表 5-10 列出了某附合导线算得的坐标增量值及其起点 A 与终点 B 的坐标，求出 1，2 两点的坐标。

表 5-10 习题［5-313］表

点号	距离	坐标增量		改正后坐标增量		坐标	
		$\Delta x'$	$\Delta y'$	Δx	Δy	x	y
A						500.00	500.00
	297.26	−74.40	+287.80				
1							
	187.81	+57.31	+178.85				
2							
	93.40	−27.40	+89.29				
B						455.37	1056.06
总和							

【5-314】根据表 5-11 所列数据，计算导线边 $B1$，12，及 $2C$ 的坐标方位角。

表 5-11 习题［5-314］表

点号	观测角（右角）（° ′ ″）	改正数（″）	改正角（° ′ ″）	坐标方位角（° ′ ″）
A				
				45 00 00
B	120 30 00			
1	212 15 30			
2	145 10 00			
C	170 18 30			
				116 44 48
D				
总和				
计算				

【5-315】

设用 DJ_6 经纬仪在相同条件下独立对一个角度观测了四个测回，取得观测值中误差为 $m_1=m_2=m_3=m_4=\pm 12.5''$，求该观测角的最或是值的中误差 $m_{\bar{x}}$。

【5-316】

经纬仪盘左视线水平，竖盘指标水准管气泡居中时，指标所指读数为 90°，视线向上倾斜时，读数减小，用盘左盘右观测，竖盘读数分别为 94°24′30″和 265°35′54″，求正确的竖直角 α 和竖盘指标差 x。

【5-317】

某闭合导线 *ABCDA* 的各边坐标增量值见表 5-12，请继续计算改正后的坐标增量值(各边坐标增量改正数取至厘米并填在小括号内)。

表 5-12 习题［5-317］表

点号	距离	增量计算		改正后的增量计算		坐标值	
		Δx（m）	Δy（m）	Δx（m）	Δy（m）	x	y
A						500.000	500.000
	105.22	−60.34（ ）	+86.20（ ）				
B							
	80.18	+48.47（ ）	+63.87（ ）				
C							
	129.34	+75.69（ ）	−104.88（ ）				
D							
	78.16	−63.72（ ）	−45.26（ ）				
A							
总和							
计算	$f_x=$ $f_y=$	$f_D=$ $K=$		$K_{允}\leqslant 1/2000$			

【5-318】

试将如图 5-8 所示四等水准测量观测数据填入下表，计算各栏并求出 *B* 点的高程见表 5-13，(括号内为红面标尺中丝读数)。

$H_A=418.000$

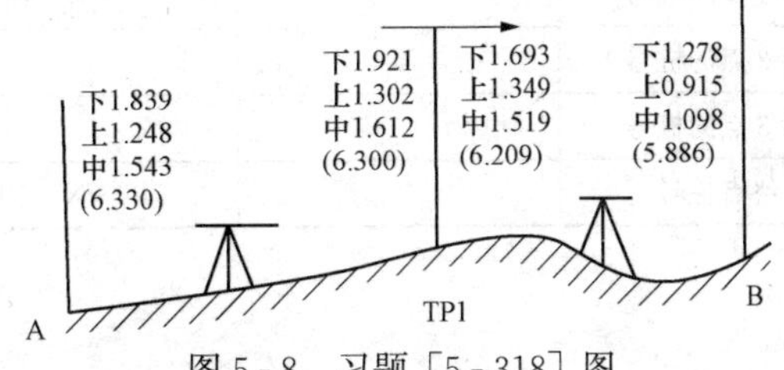

图 5-8 习题［5-318］图

表 5-13　　习题［5-318］表

测站编号	后尺 下丝	前尺 下丝	方向及尺号	标尺读数		K+黑减红	高差中数
	后尺 上丝	前尺 上丝		黑面	红面		
	后距	前距					
	视距差 d	Σd					
1	(1)	(4)	后	(3)	(8)	(10)	
	(2)	(5)	前	(6)	(7)	(9)	
	(15)	(16)	后一前	(11)	(12)	(13)	(14)
	(17)	(18)					
2			后				
			前				
			后一前				

【5-319】

如图 5-9 所示圆曲线 P 点的里程桩号为 0+380.89，$\alpha=23°20'$，选定 $R=200.00$m，试求主点的里程。

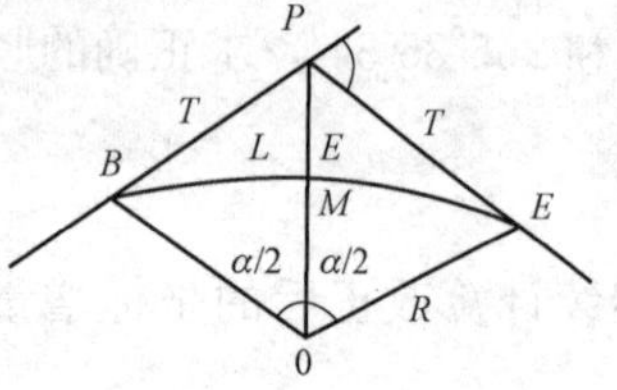

图 5-9　习题［5-319］图

【5-320】

已知转折点的桩号和曲线上元素，填表计算三主点桩号和各细部点桩号，转折角 $\alpha=18°20'$，曲线半径 $R=100$m，转折点里程桩号为 1+268.480，曲线上两相邻细部点弧长取 $L=10$m。

（1）算出圆曲线元素与三主点的桩号，见表 5-14。

表 5-14　　习题［5-320］表（1）

切线长		曲线起点桩号	
曲线长		曲线终点桩号	
外矢距		曲线中点桩号	

（2）算出偏角法测设细都点的桩号和偏角，见表 5-15。

表 5-15　　习题［5-320］表（2）

桩点编号	细部点桩号	偏角	弦	弦长
起点桩号				
第 1 点的桩号			起点～1 点	
第 2 点的桩号			1 点～2 点	
第 3 点的桩号			2 点～3 点	
终点桩号			3 点～终点	

第六章 教学实习纲要

第一节 实习的目的与要求

测量学集中实习是在课堂教学基本结束之后的综合教学环节，测量学教学实习的目的是巩固、扩大和加深学生从课堂上所学的理论知识，获得测量实际工作的初步经验和基本技能，着重培养学生独立工作的能力。进一步熟练掌握测量仪器的操作技能，提高计算和绘图能力，并对测绘小区域大比例尺地形图的全过程有一个全面和系统的认识。

通过教学实习学生应达到以下要求：

（1）掌握主要仪器（DS_3型水准仪、DJ_6型经纬仪及全站仪）的性能和使用。

（2）掌握测绘地形图的基本方法，初步具有测绘小区域大比例尺地形图的工作能力。

（3）掌握施工放样及渠道测量或路线测量的基本方法，初步具有参加中、小型渠道或道路中线定线测量的工作能力。

在教学实习中，要注意使每个学生都能参加各项工作的练习。注意培养学生独立工作的能力，加强劳动观点、集体主义精神和爱护仪器的教育，使学生得到比较全面的锻炼和提高。

第二节 实习的任务和内容

一、大比例尺地形图测绘

（一）任务

每小组施测一幅（40cm×40cm 或 50cm×50cm）1∶1000 的地形图（如测 1∶500 图，可按 1∶1000 的精度要求测图）。

（二）内容

1. 平面控制

坐标系采用城建坐标系或假定坐标系。敷设独立图根导线或两端有基线小三角网，条件允许时也可由已知点开始敷设。

（1）准备工作：仪器的检验校正、工具与用品准备、复习教材有关内容。

（2）外业工作：踏勘测区、拟定布网方案、选点、埋桩、标志点号、角度观测和距离丈量（导线边长或小三角基线）、定向。

（3）内业工作：外业手簿的检查和整理、基线长度计算、绘制控制网略图、三角网（或导线网）平差计算、坐标计算、编制平面控制成果表、绘制坐标格网与控制点展绘。

（4）应交资料：小组应交全部外业观测记录手簿、控制点成果表、控制网平面图。个人应交控制网平差计算表和坐标计算表（若测小三角网时，还应交基线长度计算表）。

2. 高程控制

采用黄海高程系，敷设四等水准路线。

（1）准备工作：水准仪检校、工具与用品准备、复习教材有关内容。

（2）外业工作：踏勘、选点、埋桩、标志，进行四等水准观测。

（3）内业工作：手簿检查、水准测量成果整理、编制水准测量成果表。

（4）应交资料：小组应交水准点位置略图与说明、观测记录手簿、水准点成果表。个人应交水准测量成果整理计算表。

3. 加密控制

视测区情况、可采用全站仪支导线，也可采用交会定点加密。

4. 经纬仪测绘法碎部测量

（1）准备工作：图板板准备、检校经纬仪（竖直部分及视距常数）、全站仪、工具与用品准备、复习教材有关部分的内容。

（2）外业工作；加密测站点、地形测绘。

（3）内业工作：碎部点上点检查、地形图清绘、拼接、整饰与检查。

（4）应交资料：地形测量观测手簿、清绘好的地形图。

5. 全站仪数字化测图

采用中华人民共和国国家标准；GB/T 14912—2005；1∶500、1∶1000、1∶2000 外业数字测图技术规程、《工程测量规范》及《城市测量规范》等

（1）准备工作：全站仪、棱镜、标杆、计算机、图纸、南方 CASS 数字化成图软件等。

（2）测图模式：电子平板测绘模式，即全站仪＋便携机＋相应的测绘软件。

（3）数据采集注意事项：仪器对中偏差不应大于图上 0.01mm；仪器安置后必须检查定向然后才能进行碎部测量；每一测站完成后，应进行归零检查；立镜位置一点要居于地物中心或中心线；地形图的各种注记必须使用测图软件的对应标注；地物点测量精度要满足测量规范的要求。

（4）应交资料：打印的纸质地形图、电子版地形图、数据采集原始数据文件、图根点成果文件、碎部点成果文件、图形信息数据文件。

二、施工放样测量

（一）任务

每组完成一建筑物（楼房或水闸等）的主轴线放样和 5～6 个设计点的高程放样。

（二）内容

（1）准备工作：在本组所测地形图上假想先布置一个建筑物（楼房或水闸等），再根据所布置的建筑物位置和其轮廓尺寸、量取放样点的坐标值，然后根据坐标值计算放样数据（边长及角度值），并加以校核。仪器检校，工具用品准备。

（2）实地放样：根据计算好的放样数据、用仪器将建筑物的定位点（主轴线或轮廓轴线交点）测设在地面上，井进行校核测量。本项内容可视场地条件等加以灵活安排，例如进行隧洞施工放样等。

三、渠道、公路定线测量

（一）任务

施测渠线或公路路线长度 0.5～1.0km。

（二）内容

（1）准备工作：准备仪器工具，学习渠道工程的技术要求、复习教材有关部分。

(2) 外业工作：选线、中线测量、曲线测设，纵横断面测量、测设边桩（做2～5个断面）。

(3) 内业工作：检查手簿、绘制纵横断面图、计算土方（计算两个断面之间的土方）。

(4) 应交资料：观测手簿、渠线纵横断面图。

说明；施工放样测量、渠道、公路定线测量根据专业选其一。

第三节 测量实习技术规范

一、图根三角测量

（一）选点

(1) 三角形各内角应保持在30°～120°之间。

(2) 每幅图上至少有4个主控制点，及4个次控制点。

(3) 三角网两端设基线，其三角形总数不多于20个。

(4) 三角形边长对于1/2000测图应在200～400m之间，对于1/1000测图应在150～300m之间。

(5) 选点结束后，必须绘出控制网草图。

（二）基线丈量

(1) 基线相对误差，应不小于1/10000。

(2) 基线边长可在100～300m之间。

(3) 用全站仪进行测量。如果用精密钢尺量距时，经纬仪定线，水准仪测桩顶高程，丈量时，每量一尺段，分别读取三个读数，其互差不应超过2mm，每条基线丈量两个测回。每个测回的往返测（经改正后）不符值不得超过1/7000。每量一尺段均应记录温度。

（三）水平角观测

(1) 用DJ_6型光学经纬仪或全站仪测角。

(2) 采用全圆观测法。每个角度观测两个测回，每测回度盘起始读数配置分别为0°或稍大于0°及90°或稍大于90°。

(3) 限差不得超过表6-1规定。

表6-1 水平角观测限差

项 目	DJ_6型
半测回归零值	24″
2C变动范围	
各测回同一归零方向值的互差	24″
三角形最大闭合差	60″
测角中误差	20″

(4) 当观测方向为两个目标时，可以不对零。

(5) 每一测站角度观测完成以后，对测站计算要验证无误，并将角值记入草图上，及时计算三角形闭合差，超过限差，应及时返工。

(6) 基线方位角可用罗盘仪测定其磁方位角，亦可根据北极星穿过当地子午线的时间，近似地定出真方位角。

（7）安置仪器对中误差不大于 3mm。

二、图根导线测量

（1）可以根据条件选择闭合导线或附合导线作为图根控制，见表 6-2 和表 6-3。

表 6-2 测图控制点密度

测图比例尺	1∶500	1∶1000
图根控制点密度（点数/km^2）	120	40
每幅图控制点个数	8	10

表 6-3 数字化测图图根点密度

测图比例尺	1∶500	1∶1000
图根控制点密度（点数/km^2）	64	16

（2）对于 1∶500～1∶2000 地形制图，导线边长在 40～300m 之间，全站仪测距，如用钢尺量距往返相对中误差不低于 1/2000。

（3）DJ_6经纬仪或全站仪测角两个测回，半测回差 36″，测回差 24″。

（4）可独立布设用罗盘仪测磁方位角定向，也可与高一级控制点连测。

（5）角度闭合差允许值 $f_{\beta容}=\pm40''\sqrt{n}$（1∶5000～1∶10000）；$f_{\beta容}=\pm60\sqrt{n}$（1∶500～1∶2000）。

（6）导线全长相对闭合差 $K=1/2000$。

三、图根加密控制

1/2000 地形测图，细部最大视距不得超过 200m；1/1000 地形测图，细部最大视距不得超过 100m。为满足此要求，可根据不同情况，选用下列加密控制方法。

（1）水平角测一个测回

（2）经纬仪支导线（俗称飞点，只允许飞出一点），支导线边长不应大于相应比例尺地形点最大视距长度的 2/3，往返测的视距较差一般不大于边长的 1/150，全站仪支导线不超过 3 个点。

四、四等水准测量

（1）路线闭合差：

$$\Delta h_{容}<\pm20\sqrt{L}\text{mm}$$

（2）视线长度≤100m。

（3）视线高度以满足三丝能够读数为原则。

（4）前后视距差≤5m。

（5）前后视距累计差≤10m。

（6）黑红面读数差≤3mm。

（7）黑红面所测高差之差≤5mm。

（8）水准路线高差的计算。采用单一水准路线或闭合多边形法作水准网平差计算。

五、普通工程水准测量

（1）闭合水准路线及附合水准路线，其高差闭合差容许值见式（6-1）

$$\Delta h_{容} = \pm 40\sqrt{L}\text{mm} \quad 或 \quad \Delta h_{容} = \pm 10\sqrt{n}\text{mm} \qquad (6-1)$$

式中 L——水准路线长度，km；

n——测站数。

（2）支水准路线，往返测高差不符合值不应超过容许值，往返测高差容许值见式（6-2）

$$\Delta h_{容} = \pm 10\sqrt{n}\text{mm} \qquad (6-2)$$

式中 n——单程测站数。

（3）视距应在100m以内，前后视距离大致相等。

六、三角高程测量

（1）使用DJ_6型经纬仪，用中线法测两测回、测回较差和指标差，不得超过40″。垂直角观测结果DJ_6型取至10″。应进行双向观测（往返测）见式（6-3）。

$$\Delta h_{往返} = 0.04 \times D \quad (\text{m}) \qquad (6-3)$$

式（6-3）中 D以百米计。

（2）高程路线闭合差的容许值，见式（6-4）。

$$\Delta h_{容} = \pm 0.1\sqrt{N} \quad (\text{m}) \qquad (6-4)$$

式中 N——测站数。

（3）交会点、支点（飞点）的高程以竖角一个测回测定。由两个方向或往返观测推算高差，一般地说，平地不应大于1/5等高距，山地不应大于1/3等高距。

七、内业

（1）布设独立三角控制网，平面坐标及水准高程的起始数据，可采取假定数据。

（2）三角网采用近似平差法，其详细计算步骤，参阅“工程测量学”有关章节。

（3）布设图根控制点结束后，必须编辑下列材料。

1）测量水平角、竖直角记录手簿及基线丈量手簿。

2）几何水准测量手簿。

3）控制网略图。

4）计算表和坐标、高程成果表。

八、测图工作

（1）方格网的检查。采用聚酯薄膜测图（据有关单位试验、认为聚酯薄膜从－50℃至0℃基本不变形，0～50℃缩短0.06%即每幅图50cm要缩短0.3mm）。用直尺检查方格网的交点是否在同一直线上，其偏离值应小于0.2mm。用标准直尺（格网尺）检查方格网线段的长度与理论值相差不得超过0.2mm。方格网对角宜线长度误差应小于0.3mm，如超过规定的限差应重新绘制。

（2）控制点展绘的检查。各控制点展绘好后，可用比例尺在图上量取各相邻控制点之间的距离，和已知的边长相比较，其最大误差在图纸上不得超过0.3mm，否则应重新展绘。检查点号和高程的注记有无错误。用一般直尺展点只能估读到尺子最小格值的1/10。如果想要正确地读出最小格值的1/10，则可用复式比例尺。

（3）采用经纬仪测绘法测图时，碎部点的最大视距长度：1/2000的测图不得超过200m，1/1000的测图不得超过120m，1/500测图不得超过70m。

采用全站仪数字化测图时，碎部点的最大视距长度：1/2000的测图不得超过500m，1/

1000 的测图不得超过 350m，1/500 测图不得超过 200m。

（4）接图误差的规定。接图时，两幅图上同一地物的相对误差应小于 $2\sqrt{2}$mm，等高线位置中误差与地面坡度有关。假如在平地，规定等高线表示的高程中误差不能大于基本等高距的 1/3；在丘陵为 2/3；在山地为一个等高距。对于基本等高距为 1m 的地形图，在平地的中误差为 1/3m，则接图时高程容许最大误差为 $2\times\sqrt{2}\times\frac{1}{3}\approx0.9$m，接图时可仿此例推算。对于超限部分，应通过外业检查解决。

（5）地形图例采用国家测绘总局颁布的“1∶500、1∶1000、1∶2000 地形图图式”的统一规定。各组在碎部测量前到图书馆借一本地形图图式。

（6）在碎部测图过程中，每完成一测站后，应重新瞄准零方向，检查图板定向有无错误。

（7）地形图上所有线划、符号和注记，均应在现场完成，并应严格遵循看不清不描绘的原则。

（8）测图中，立尺点的多少，应根据测区内地物、地貌的情况而定。原则上，要求以足够量的确实起着控制地形作用的特征点和地性点，准确而精细描绘地物、地貌。因此，立尺点应选在地物轮廓的起点、终点、弯曲点、交叉点、转折点上及地貌的山顶、山腰、鞍部、谷源、谷口、倾斜变换和方向变换的地方。一般图上约每隔 1～2cm 有一立尺点，尽量布置均匀。

（9）所有碎部点高程注记至 0.1m。点位借用高程注记的小数点。等高距的大小应按地形情况和用图需要来确定。

（10）要做到随测随绘。转移测站前，至少要将该测站所测碎部点的计曲线绘出来。

九、施工放样允许误差

距离为 1/5000，角度为±60″、放样数据、距离计算到毫米，角度计算至秒。

十、渠道的中践测设

（1）用经纬仪测设中线时，边长相对闭合差应小于 1/2000，中线上每 50m 打一里程桩，受条件限制渠线太短亦可 20m 打一里程桩。在水平方向改变处或高低起伏变化处设加桩，记录人应在现场把草图绘好。

（2）木桩（里程桩、加桩）上所写的编号应与路线前进的方向一致。

（3）编号时加桩精确到 dm。

（4）每公里应在路线上设定临时水准点，以供校核测量和施工测量之用。

（5）偏转角测一测回，半测回差 45″。

（6）渠线转折处设圆曲线，圆曲线半径应大于 5～8 倍水面宽，以偏角法测设圆曲线，细部点测设要与三主点校核。

精度要求：最后一个细部点与终点桩角度拟合误差为±3′。最后一个细部点与终点桩距离拟合误差见式（6-5）

$$\frac{\Delta S}{L}<\frac{1}{1000} \tag{6-5}$$

式中 ΔS——最后一个细部点与终点不拟合距离相差值；

L——圆曲线长。

（7）纵断面测量要测出所有桩（里程桩、加桩）的地面高程、转点桩读数到 mm，中间桩读数到 cm，整个线路或分段线路要自行闭合或与高级水准点附合检核。

（8）横断面测设的宽度要符合设计要求，距离精确到 dm，高程读数精确到 dm。

第四节　实　习　场　地

按“就近”和“满足教学要求”的原则考虑，最好能使实习场地固定化，以便加强指导，不断提高实习效果。在条件允许时，也可结合生产实际进行测量实习。

第五节　时间安排和组织领导

1. 时间安排（3 周）（见表 6-4）

表 6-4　　实习时间安排表

内　　容	参考工作日（天）
动员、领取并检校仪器	1
踏勘选点、埋桩、标志、布置实习任务	0.5
控制测量（主网和加密、包括高程控制）	3～4
碎部测图准备（裱图板，打方格等）	0.5
碎部测图、拼接、整饰、检查	3～5
施工放样设计	0.5～1
放样测量	1～2
机动、整理成果资料、总结	2
考查、提交成果、归还仪器	1

注　1. 测量实习受气候干扰影响很大，双休日休息时间须视天气情况，可错前错后，灵活安排。
　　2. 作息时间视场地远近临时研究确定。

2. 组织领导

实习以班为单位，组成实习小队，小队设若干实习小组（每组 5～6 人），各小组设组长一人，实行组长负责制。每一实习小队有 1～2 名教师参加指导（实习场地固定化以后，可减少指导教师）。

第六节　提交成果汇总 (具体成果也可由指导老师根据实际实习情况决定)

测图结束后，每组应提出下列资料，作为成绩考核的依据。

1. 工程概况说明

2. 控制测量部分

（1）控制点略图（包括水准路线）。

（2）外业观测手簿。

（3）计算手簿，三角或导线平差计算表，坐标计算表（每人交一份）。高差闭合差调整表，高程计算表。

(4) 控制点成果表（平面和高程）。

3. 地形测图部分

(1) 地形原图一幅（数字地形图）。

(2) 地形测量手簿。

(3) 接图透明纸。

4. 施工放样部分

(1) 放样设计数据。

(2) 外业手簿。

(3) 放样成果图。

(4) 其他计算资料。

5. 渠道、公路定线测量

(1) 纵断面图，横断面图。

(2) 外业手簿。

(3) 圆曲线测设计算表。

第七节　实习用各种记录计算表

(1) 平面及高程控制选点草图。

(2) 四等水准测量记录表。

(3) 水准测量记录表。

(4) 高差误差调整表。

(5) 距离丈量记录表。

(6) 基线量距记录表。

(7) 全圆测回法手簿。

(8) 测回法手簿。

(9) 导线点坐标计算表。

(10) 三角点坐标计算表（平差表，计算表）。

(11) 控制点成果表。

(12) 碎部测量表。

(13) 圆曲线测设计算表。

(14) 纵断面测量记录表。

(15) 横断面测量记录表。

(16) 实习报告封面。

第七章　自　测　试　卷

自测试卷一

一、单选题［在每小题的四个备选答案中，选出 1 个正确的答案，并将其号码写在题干的（　　）内。每小题 2 分，共 10 分］

1. 如图 7 - 1 所示，用一般方法测设出直角∠AOB 后，实测其角值为 90°00′24″，已知 OB 长度为 86m，则在 B 点垂直于 OB 的方向上应该（　　）才能得到 90°角。

①向外移动 10mm　　②向内移动 10mm

③向外移动 9mm　　④向内移动 9mm

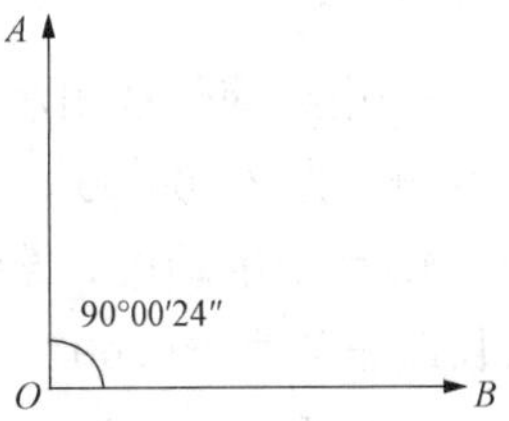

A

90°00′24″

O　B

图 7 - 1　单选题 1 图

2. 水准仪观测时操作顺序是（　　）

①粗平　精平　瞄准　读数

②精平　粗平　瞄准　读数

③粗平　瞄准　精平　读数

④以上无正确操作顺序

3. 白塞尔公式用（　　）计算中误差

①真误差　②似真误差　③偶然误差　④平均误差

4. 等高线勾绘，A 点的高程为 21.2m，B 点的高程为 27.6m，AB 在图上的平距为 48mm，欲勾绘出等高距为 1m 的等高线，则 A 点与邻近 22m 等高线间平距为（　　）

①7.5mm　②8.0mm　③6.0mm　④4.5mm

5. 用两台不同精度的经纬仪测角，观测值及中误差为 $\beta_{\mathrm{I}}=90°20'18''\pm 8''$，$\beta_{\mathrm{II}}=90°20'13''\pm 2''$，下列不正确的权（　　）

①$\frac{1}{64}$　$\frac{1}{4}$　②1　16　③$\frac{1}{16}$　1　④$\frac{1}{8}$　$\frac{1}{2}$

二、多选题［在每小题的五个备选答案中，选出 2～5 个正确的答案，并将其号码分别写在题干的（　　）内，正确答案没有选全，多选或选错，该题无分，每小题 2 分，共 10 分］

1. 四等水准测量，在一个站上应读出数据（　　）

①前后视距离　②后视尺黑面读数（上中下三丝）

③前视尺黑面读数（上中下三丝）　④前视尺扛面读数（中丝）

⑤后视尺红面读数（中丝）

2. 两端有基线的小三角锁依据（　　）条件进行近似平差计算

①高差闭合差　②三角形角度闭合差　③基线闭合差

④方位角闭合差　⑤坐标增量闭合差

3. 圆曲线测设时应提前选定和测定的曲线元素为（　　）

①曲线半径 R　②曲线长度 L　③切线长度 T　④转折角 α

⑤外矢距 E

4. 地形图应用的基本内容包括在地形图上确定（　　）

①点的平面位置　　②点的高程　　③直线的长度　　④直线的方向

⑤地面的坡度

5. 全圆测回法（方向观测法）要求限制的误差有（　　）

①半测回归零差　　②两倍照准误差的变动范围

③指标差　　④各测回同一方向归零值的互差

⑤2C 误差

三、判断题［认为正确在（　　）内打“√”；错误打“×”，每小题 1 分，共 10 分］

1. 在高斯平面直角坐标系六度带中，任意带中央子午线经度 λ_0 可用：$\lambda_0=6N-3$ 计算，N 为投影带的号数（　　）

2. 光学经纬仪的水平度盘是玻璃制成的圆环，其上刻有 0°～360°分划，逆时针方向注记（　　）

3. 用经纬仪观测水平角时，已知左方目标读数为 350°00′00″，右方目标读数 10°00′00″，则该角值为 20°00′00″。（　　）

4. 精密量距中，某一钢尺的检定长度 $L'=30.0025$m，名义长度为 $L=30$m，则该尺的尺长改正数为－0.0025m（　　）

5. 已知 $x_A=100.00$，$y_A=100.00$；$x_B=50.00$，$y_B=50.00$，坐标反算 $\alpha_{AB}=45°00'$（　　）

6. 用钢尺往返丈量一段距离，其平均值为 184.26m，要求量距的相对误差 1/3000，则往返测距离之差绝对值不能超过 0.1m（　　）

7. 已知测角中误差 $m=\pm20''$，观测四次，该角算术平均值的中误差为±5″（　　）

8. 比例尺越大，表示的地物地貌就越详细，精度就越高（　　）

9. 由于雨水是沿山脊线（分水线）向两侧山坡分流，所以汇水面积的边界线是一系列山脊线连接而成，因此利用地形图可确定汇水面积（　　）

10. 采用偏角法测设圆曲线细部点时，经纬仪必须安置在转折点 P 点（　　）

四、填空题（每小题 1 分，共 10 分）

1. 地面点到某一假定水准面的铅垂距离，称为________。

2. 确定地面点相对位置的三个基本要素是________。

3. 水准测量后视读数为 1.124m，前视读数为 1.428m，则后视点比前视点________，两点高差为________。

4. 采用单平行玻璃测微器的经纬仪（北光 DJ_6 型）的度盘刻划值为________度。采用分微尺装置的光学经纬仪（西光 DJ_6 型）的度盘刻划值为________度。

5. 某仪器竖盘刻划按逆时针注记，盘左始读数为 90°，竖直角计算公式：盘左为________，盘右为________。

6. 用钢尺精密丈量距离时，每一尺段长需进行________、________及倾斜改正。

7. 非等精度观测时，衡量观测值可靠程度的________数值，称为观测值的________。

8. 直接为测图布设的控制网称________控制网。

9. 在地形图上利用坐标格网的坐标值和等高线注记可以确定出点的________和________。

10. 圆曲线测设已知路线转折角 $\alpha=18°20'$，曲线中点之偏角为________，终点偏角为________。

五、简答题（每小题 4 分，共 20 分）

1. 简述光学对中器对中的操作过程。

2. 等高线的特性有哪些？

3. 偶然误差的特性有哪些？

4. 用双面水准尺进行四等水准测量，一个测站上有哪些技术要求？

5. 写出视距测量斜视线时计算水平距离和初算高差的公式，并解释各符号含义。

六、计算题（每题 8 分，共 40 分）

1. 两端有基线的三角锁第二次改正后的角值如下，按表 7－1 所示格式推算各边方位角（见图 7－2）。

$\alpha_{12}=30°00'00''$ $a_1=109°14'27''$ $b_1=30°53'38''$ $c_1=39°51'55''$

$a_2=105°02'08''$ $b_2=40°52'28''$ $c_2=34°05'24''$

表 7－1 **计算题 1 表**

计算顺序	已知点 1	1	2	2	3
	待求点 2	3		4	
①	α_0				
②	β_1				
③	α_{12}				

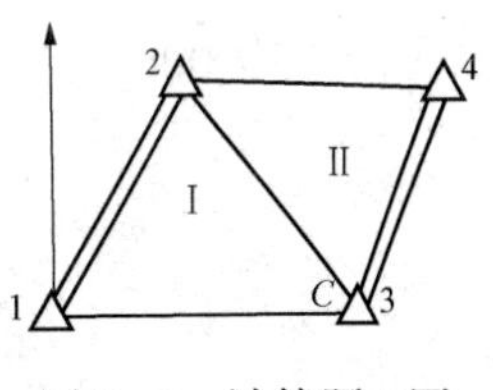

图 7－2 计算题 1 图

2. 根据表 7-2 中的观测数据，完成方向观测法测水平角记录计算。

盘左读数：A 0°02′12″，B 37°44′23″，C 110°29′02″，D 150°14′47″，A 0°02′19

盘右读数：A 180°02′08″，D 330°14′39″，C 290°29′00″，B 217°44′04″，A 180°02′00″

表 7-2 计算题 2 表

测回数	目标	水平度盘读数		2C	(L+R±180°)/2	归零值	归零后方向值	角值
		盘左 L	盘右 R					
		° ′ ″	° ′ ″	″	° ′ ″	° ′ ″	° ′ ″	° ′ ″

3. 在三角形 ABC 中，直接观测了角 A 和角 B，其中误差 $m_A = \pm 3''$，$m_B = \pm 4''$，求由角 A、B 计算角 c 值的中误差。

4. 如图 7-3 所示给出的观测资料，推算出 1～2、2～3、6～1 边的方位角。注意水平角是外业观测资料。

$\alpha_{A1} = 110°46'32''$　$\beta_0 = 160°44'50''$（连接角）角度闭合差允许值 $f_{\beta允} = \pm 40\sqrt{n}''$

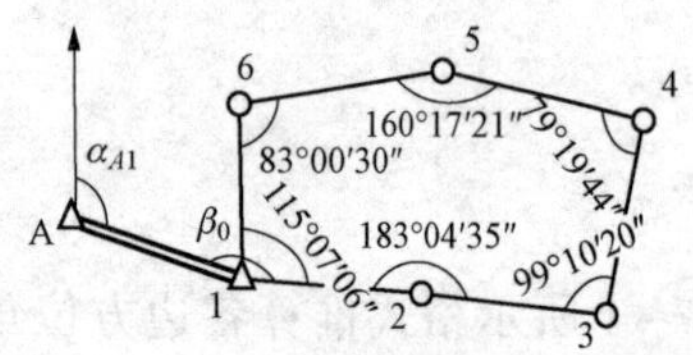

图 7-3 计算题 4 图

5. 如图 7-4 所示，控制点 A 的坐标，AB 边的坐标方位角和待测设点 P 的设计坐标，计算在 A 点用极坐标法测设 P 点的放样数据并注于图上。

$x_A = 266.00\text{m}$　　$x_p = 250.78\text{m}$

$y_A = 155.00\text{m}$　　$y_P = 170.22\text{m}$

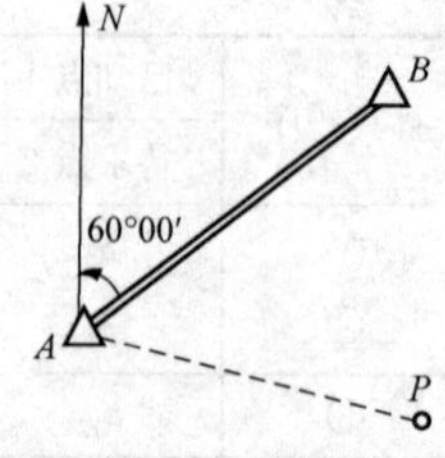

图 7-4 计算题 5 图

自测试卷二

一、单选题［在每小题的四个备选答案中，选出 1 个正确的答案，并将其号码写在题干的（　　）内。每小题 2 分，共 10 分］

1. 用微倾水准仪观测，每次读数前必须转动（　　），使长水准管气泡居中。

①微动螺旋　②水平制动螺旋　③脚螺旋　④微倾螺旋

2. 用经纬仪观测水平角，已知左方目标读数为 340°20′40″，右方目标读数为 15°30′10″，其角值为（　　）

①324°50′30″　②35°09′30″　③144°50′30″　④234°50′30″

3. 经纬仪各主要轴线应满足的关系为（　　），（其中 LL，CC，VV，HH 分别为照准部水准管轴，视准轴，竖轴，横轴）

①$LL\perp VV$　$CC/\!/HH$　$HH\perp VV$　②$LL\perp VV$　$CC\perp HH$　$HH/\!/VV$

③$LL/\!/VV$　$CC\perp HH$　$HH\perp VV$　④$LL\perp VV$　$CC\perp HH$　$HH\perp VV$

4. 已知测角中误差 $m=\pm 20''$，共观测四次，该角算术平均值的中误差 $m_{\bar{x}}$ 为（　　）

①40″　②10″　③5″　④80″

5. 已知 $x_A=2192.54\text{m}$；$y_A=1556.40\text{m}$；$x_B=2179.74\text{m}$；$y_B=1655.64\text{m}$。该直线的方位角 α_{BA} 为（　　）

①−82°39′02″　②97°20′58″

③277°20′58″　④82°39′02″

二、多选题［在每小题的五个备选答案中，选出 2～5 个正确的答案，并将其号码分别写在题干的（　　）内，正确答案没有选全或有选错的，该题无分。每小题 2 分，共 10 分］

1. 将水准仪安置在前，后视距相等的位置，其主要目的是消除（　　）

①水准管轴不平行于视准轴引起的误差　②地球曲率引起的误差

③水准尺倾斜引起的误差　④大气折光引起的误差

⑤尺垫下沉引起的误差

2. 地形图上表示地物的符号为（　　）

①比例符号　②注记符号　③等高线　④计曲线

⑤非比例符号

3. 经纬仪测绘法测碎部点时，应读出（　　）

①竖直读数　②水平角　③中丝读数　④上丝读数

⑤下丝读数

4. 圆曲线主点的放样必须先计算出（　　）

①曲线半径　②切线长　③曲线长　④转折角

⑤外矢距

5. 等高线具有下列特性（　　）

①垂直跨越河流　②各点高程相等

③是一条自行闭合的连续曲线　④必须在图内闭合，不能在图外闭合

⑤与山脊线和山谷线垂直相交

三、判断题［认为正确的，在题后的（　　）内打“√”；错误的打“×”，每小题1分。共10分］

1. 用实际长度比名义长度长的钢尺，丈量地面两点间的水平距离，所测得结果比实际距离长。（　　）

2. 闭合水准线路上高差的代数和在理论上等于零。（　　）

3. 由标准方向的北端起，逆时针方向量到某直线的水平夹角，称为该直线的方位角。（　　）

4. 在水准测量中，设一个测站高差的中误差为5mm。若1公里有9个测站，则K公里的中误差为$15\sqrt{K}$。（　　）

5. 一条总长为740m的附合导线，其坐标增量闭合差$f_x=-0.15$m，$f_y=+0.14$m。则这条导线的相对闭合差大于1/2000。（　　）

6. 用经纬仪测水平角时，边长越短，瞄准误差对角值的影响越小。（　　）

7. 由于测量误差不可避免，闭合导线各边坐标增量的代数和理论上不应等于零，即$\sum\Delta x_{测}\neq 0$，$\sum\Delta y_{测}\neq 0$。（　　）

8. 在1：5000地形图上求得1.5cm长的地面坡度直线两端点的高程为418.3m、416.8m，则该地面坡度是2%。（　　）

9. 点的高程放样时，视线高程为18.205m，放样点P的高程15.517m，则P点水准尺上的读数为2.688m。（　　）

10. 观测水平角时，各测回应改变起始读数（对零值），递增值为$\frac{180^\circ}{n}$，这样做是为了消除度盘刻划不均匀误差。（　　）

四、填空题（每小题1分，共10分）

1. 四等水准测量一站观测值，$h_{黑}=+0.077$，$h_{红}=-0.022$，高差中数为________。

2. 已知直线AB的前方位角$\alpha_{AB}=327°18'00''$，其后方位角α_{BA}等于________。

3. 水准测量中用来传递高程的点称为________。

4. 用真误差计算中误差的公式是________。（真误差用Δ表示，观测次数为n）

5. 导线布设形式可分为________、________和支导线。

6. 我国统一的高程起算面为________平均海水面。

7. 同一幅地形图，地面坡度与等高线平距的关系是坡度越陡，平距越________，坡度越缓，平距越________。

8. 比例尺越小，对地形变化的表示越________，精度越________。

9. 误差传播定律是计算直接观测值________的公式。

10. 对线段AB进行了往返丈量，其结果为149.975m和150.025m，则AB的长度为________，相对误差为________。

五、简答题（每小题4分，共20分）

1. 经纬仪应进行哪几项检验校正（按顺序回答）？

2. 测设点的平面位置有那几种方法？

3. 方位角是如何定义的？

4. 简述什么是过失误差？什么是系统误差？什么是偶然误差？

5. 试述小三角测量的内业工作。

六、计算题（每题 8 分，共 40 分）

1. 在图上量得一圆的半径为 31.3mm，其中误差为±0.3mm，试求其周长及其中误差，其面积及其中误差？

2. 根据附合水准路线的观测成果计算如表 7 - 3 所示的高差改正数，改正后高差及各点的高程。

$H_{BM6}=46.215$　　　　　　　　　　　　　　　$H_{BM10}=45.330$

表 7 - 3　　　　计算题 2 表

点号	测站数	测得高差	改正数	改正高差	高程
BM_6					46.215
	10	+0.748			
1					
	3	−0.432			
2					
	3	+0.543			
3					
	3	−0.245			
4					
	4	−1.476			
BM_{10}					45.330

3. 将如图 7 - 5 所示的四等水准测量观测数据填入表 7 - 4 中，并计算表中各项内容（括号内数据为水准尺红面中丝读数），$H_A=418.000$m。

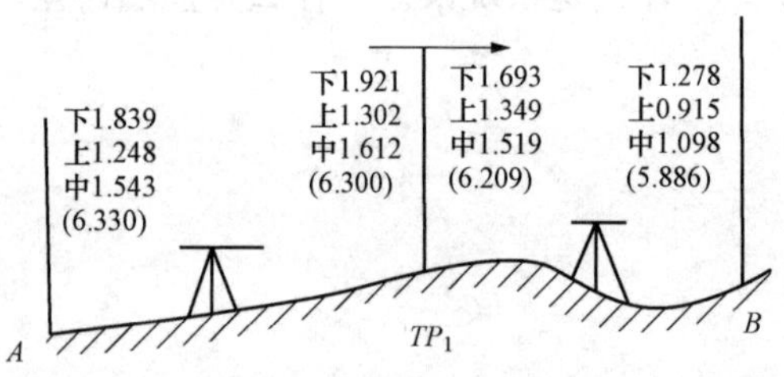

图 7 - 5　计算题 3 图

$K_1=4.787$　　　　$K_2=4.687$

表 7 - 4　　　　计算题 3 表

测站编号	后尺 下丝 / 上丝	前尺 下丝 / 上丝	方向及尺号	水准尺读数（m）		K+黑减红	高差中数
	后距	前距		黑面	红面		
	视距差 d	Σd					
			后 K_1				
			前 K_2				
			后－前				
			后 K_2				
			前 K_1				
			后－前				

4. 经纬仪盘左视线水平，竖盘指标水准管气泡居中时，指标所指读数为 90°，视线向上

倾斜时，读数减小。用盘左和盘右观测，竖盘读数分别为 $94°24'30''$ 和 $265°35'54''$，求正确的竖直角和竖盘指标差 x。

5. 已知转折点的桩号和曲线上诸元素，填表计算三主点桩号、各细部点桩号、偏角及弦长，见表 7-5 和表 7-6。转折角 $\alpha=18°20'$，曲线半径 $R=100$m，转折点里程桩号为 1+268.480，曲线上相邻两细部点弧长 l 取 10m。

(1) 算出圆曲线三主点桩号。

表 7-5　　计算题 5 表 (1)

切线长		曲线起点桩号	
曲线长		曲线终点桩号	
外矢距		曲线中点桩号	

(2) 算出偏角法测设细部点桩号和偏角。

表 7-6　　计算题 5 表 (2)

桩点编号	细部点桩号	偏角	弦	弦长
起点桩号				
第 1 点的桩号			起点～1 点	
第 2 点的桩号			1 点～2 点	
第 3 点的桩号			2 点～3 点	
终点桩号			3 点～终点	

自测试卷三

一、单选题［4 个备选答案中选定 1 个正确答案，并将其号码写在题干的（　　）内，每题 1 分，共 10 分］

1. A、B 两点的坐标为 x_A、y_A 及 x_B、y_B，测量学中两点间距离的常用计算公式为（　　）

①$D=\sqrt{(x_B-x_A)^2+(y_B-y_A)^2}$　　②$D=\dfrac{y_B-y_A}{\sin\alpha_{AB}}$

③$D=\dfrac{x_B-x_A}{\cos\alpha_{AB}}$　　④$D=\dfrac{y_B-y_A}{\sin\alpha_{AB}}=\dfrac{x_B-x_A}{\cos\alpha_{AB}}$

2. 用经纬仪测水平角 5 个测回，结果见表 7-7，求算术平均值中误差（　　）

①$\pm\sqrt{1.16}''$　　②$\pm\sqrt{8.50}''$　　③$\pm\sqrt{1.70}''$　　④$\pm\sqrt{1.14}''$

表 7-7　　单选题 2 表

观测次序	观测值
1	30°06′00″
2	30°05′59″
3	30°06′05″
4	30°06′03″
5	30°06′02″

3. 观测竖直角时，调节竖盘指标水准管气泡居中目的是（　　）

①使横轴水平　　②使指标处于正确位置

③使竖轴竖直　　④使视准轴水平

4. 某水平角需要观测 6 个测回，第 5 个测回度盘起始读数应配置在（　　）附近

①60°　　②120°　　③150°　　④90°

5. 已知圆曲线起点桩号为 1＋252.343；终点桩号为 1＋284.341，用偏角法细部放样时，设曲线相邻两细部点弧长取 10m，则第一个和最后一个细部点的桩号是（　　）

①1＋262.343　1＋282.343　　②1＋262.343　1＋280.000

③1＋260.000　1＋274.341　　④1＋260.000　1＋280.000

二、多选题［在 5 个备选答案中选定 2～5 个正确答案，并将其号码写在题干的（　　）内，每题 2 分，共 10 分］

1. 经纬仪的使用操作包括（　　）

①对中　　②整平　　③对零　　④瞄准

⑤读数

2. 国家水准网分为（　　）

①一、二等水准测量　②闭合水准测量　　③附合水准环线测量

④支水准环线测量　　⑤三、四等水准测量

3. 偶然误差的特性是：（　　）

①有限性（绝对值不会超过一定的界限）

②预见性（大小正负号可提前预见）

③单峰性（绝对值较小的误差比较大的出现机会多）

④对称性（绝对值相等的正、负误差出现的机会相等）

⑤抵偿性（平均值随着观测次数无限增加而趋近于零）

4. 经纬仪检验校正的内容包括：（　　）

①照准部水准管的检验校正　　②十字丝竖丝垂直于横轴的检验校正

③视准轴垂直于横轴的检验校正　　④横轴垂直于竖轴的检验校正

⑤竖盘指标水准管的检验校正

5. 导线测量选点要求（　　）

①相邻边的长度不宜相差太大　　②各个点都应通视

③便于测角　　④便于量距　　⑤便于测绘碎部

三、判断题［认为正确的，在题后的（　　）内打“√”；错误的打“×”，每题 1 分，共 10 分］

1. 在独立平面直角坐标系中，规定南北方向为纵轴，记为 x 轴，东西方向为横轴，记为 y 轴。（　　）

2. 水准测量是利用水准仪提供的一条水平视线，并借助水准尺，来测定地面两点间的高差，这样就可由已知的高程推算未知点的高程。（　　）

3. 在水准测量中起传递高程作用的点称为转点。（　　）

4. 附合水准路线中各待定高程点高差的代数和在理论上等于零。（　　）

5. 使用微倾水准仪时，在读数之前要转动微倾螺旋进行精平。（　　）

6. 偏角法是用切线长和转折角测设圆曲线细部点的。（　　）

7. 推算坐标方位角的一般公式为 $\alpha_{前}=\alpha_{后}+180°\pm\beta$，其中，$\beta$ 为左角取负号，β 为右角取正号。（　　）

8. 中误差是衡量观测结果精度的一个指标，如果两组观测结果的中误差相等，就说明这两组观测结果精度相同。（　　）

9. 某距离往测长度为 137.608m，返测长度为 137.574m，丈量相对误差 $k=0.000247$。（　　）

10. 在四等水准测量中，采用“后-前-前-后”的观测顺序，其优点是为了大大减弱仪器下沉误差的影响。（　　）

四、填空题：每题 1 分，共 10 分

1. 测量工作的基本原则为________、________。

2. 水准测量后视读数为 1.124m，前视读数为 1.428m，则后视点比前视点________，两点高差为________。

3. 在同一条水准路线上，进行等精度观测，则闭合差调整的方法是________。

4. 用钢尺精密丈量距离时，每一尺段长需要进行________、________、________改正。

5. 对某段距离丈量 n 次，其中误差为 m，则其算术平均值的中误差为________。

6. 导线布设按形式可分为________、________和支导线。

7. 四等水准测量一站观测值，$h_{黑}=-0.022$，$h_{红}=+0.077$，高差中数为________。

8. 水准测量结果按各水准路线长度定权，路线越________，权越________。

9. 坐标反算是已知________求________。

10. 圆曲线的五个元素分别为________。

五、简答题：每题 4 分，共 20 分

1. 为什么要把水准仪安置在前后视距大致相等的地点进行观测？

2. 怎样建立竖直角的计算公式？

3. 方位角是如何定义的？

4. 观测值中为什么会存在误差？根据产生误差的原因和性质不同，误差可分为哪几类？

5. 写出视距测量斜视线时计算水平距离和初算高差的公式。

六、计算题　每题 8 分，共 40 分

1. 如图 7-6 所示，测得直线 AB 的方位角为 $\alpha_{AB}=81°30'$，B 点的 $\angle B=124°38'$，求直线 BC 的方位角 α_{BC} 为多少？

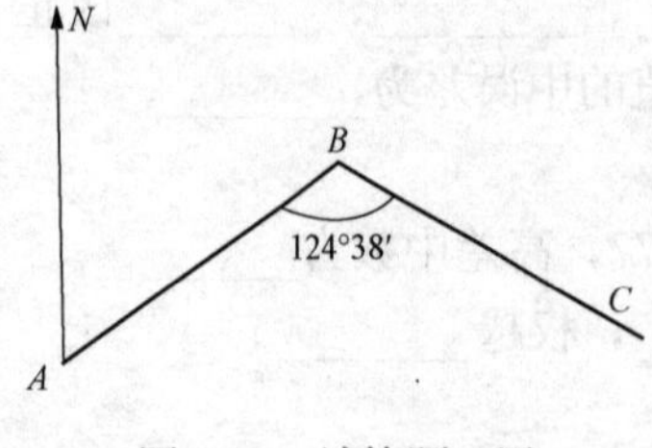

图 7-6　计算题 1 图

2. 已知 $x_A=515.98$m，$y_A=972.14$m，$\alpha_{AB}=313°46'42''$，$D_{AB}=197.38$m，试绘草图并计算 x_B、y_B的值。

3. 某一角度，采用不同测回数进行了三次观测，其观测值列于表 7 - 8 中，试求角度的观测结果及其中误差。

表 7 - 8　　计算题 3 表

次序	观测值	测回数	权 P	V	PV	PVV
1	75°43′54″	6	6			
2	75°44′02″	5	5			
3	75°43′59″	4	4			
	$\overline{X}=$		$[P]=$			$[PVV]=$

4. 已知转折点的桩号和曲线上元素，填表计算三主点桩号和各细部点桩号。转折角 $\alpha=23°20'$，曲线半径 $R=200$m，转折点里程桩号为 0+380.89，曲线上两相邻细部点弧长取 $L=20$m。

（1）算出圆曲线元素与三主点的桩号，见表 7 - 9。

表 7 - 9　　计算题 4 表（1）

切线长		曲线起点桩号	
曲线长		曲线终点桩号	
外矢距		曲线中点桩号	

（2）算出偏角法测设细部点桩号和偏角，见表 7 - 10。

表 7 - 10　　计算题 4 表（2）

桩点编号	细部点桩号	偏角	弦	弦长
起点桩号				
第 1 点的桩号			起点～1 点	
第 2 点的桩号			1 点～2 点	

5. 对照 Excel 界面 4（见表 7 - 11）解答下列问题：

（1）写出 B8～B10 单元格的计算语句和导线点数字编号。

（2）解释 F13 单元格 SUM（F6：F10）语句的含义

（3）写出 G13 计算语句，解释计算值与 G14 单元格值检核的含义。

（4）解释 N11、O11 单元格计算结果与 N6、O6 检核的含义。

表 7-11 计算题 5 表

	列B	C	D	E	F	G	H	I	J	K	L	M	N	O
行2	界面4 闭合导线坐标计算Excel编制表													
3	导线	水平角β					方位角	边长	增量计算值		该正后增量		坐标值	
4	点	观测角值				改正后角值	α	D	$\Delta X=D\times\cos\alpha$	$\Delta Y=D\times\sin\alpha$	$\Delta X'$	$\Delta Y'$	X	Y
5	编号	°	′	″	°	°	°	(m)	(m)	(m)	(m)	(m)	(m)	(m)
6	1	121	28	0	C6+D6/60+E6/3600	F6+$F$14/$B$10	"=F16"	201.58	I6×COS(H6×π/180)	I6×SIN(H6×π/180)	J6−$K$14/$I$13×I6	K6−$K$14/$I$13×I6	1000.00	1000.00
7	B6+1	108	27	0	击活F6，右下角移鼠标到"自动填充"柄黑+时向下拖动复制F6语句		H6+180+G7	263.41					N6+L6	O6+M6
8		84	10	30				241.00						
9		135	48	0				200.44						
10		90	7	30				231.32						
11	"=B6"	"=C6"	"=D6"	"=E6"		"=G6"	(与H6检)						(与N6检)	(与O6检)
12														
13	Σ				SUM(F6：F10)	复制F13(G14检)		复制F13	复制F13	复制F13	复制F13	复制F13		
14					f_β= F13−(B10−2)×180	(B10−2)×180				f_x= "=J13"		f_y=K13′		
15					$f_{\beta允}$=±	60″×POWER(B10，1/2)				f=± POWER(POWER(K14，2)+POWER(M14，2)，1/2)				
16	$\alpha_{1、2}$	96	51	36	复制F6					K^{-1}=POWER(K15/I13，−1)			$<K_{允}^{-1}$=2000	
17	计算简图	4, 5, 3, 1, 2, N, $\alpha_{1.2}$, β_1, β_2, β_3, β_4, β_5, d_{12}, d_{23}, d_{34}, d_{45}, d_{51}			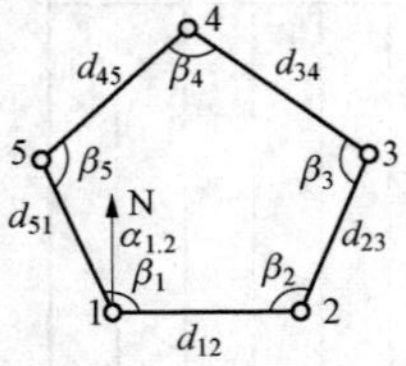		外业资料		β_1=121°28′00″	d_{12}=201.58	起算数据		α_{12}=96°51′36″	
18									β_2=108°27′30″	d_{23}=263.1			X_1=1000.00	
19									β_3= 84°10′30″	d_{34}=241.00			Y_1=1000.00	
20									β_4=135°48′30″	d_{45}=200.44				
21									β_5= 90°07′30″	d_{51}=231.32				

附　　录

附录 A　第五章思考练习参考答案

一、单项选择题参考答案

【5-1】③	【5-2】②	【5-3】①	【5-4】②	【5-5】①
【5-6】④	【5-7】③	【5-8】②	【5-9】③	【5-10】③
【5-11】①	【5-12】④	【5-13】①	【5-14】④	【5-15】②
【5-16】②	【5-17】③	【5-18】②	【5-19】②	【5-20】①
【5-21】②	【5-22】②	【5-23】④	【5-24】③	【5-25】②
【5-26】②	【5-27】③	【5-28】③	【5-29】②	【5-30】③
【5-31】③	【5-32】①	【5-33】②	【5-34】④	【5-35】③
【5-36】①	【5-37】③	【5-38】③	【5-39】③	【5-40】②
【5-41】④	【5-42】④	【5-43】②	【5-44】③	【5-45】②
【5-46】④	【5-47】③	【5-48】③	【5-49】②	【5-50】③
【5-51】②	【5-52】④	【5-53】③	【5-54】①	【5-55】②
【5-56】④	【5-57】①	【5-58】③	【5-59】①	【5-60】②

二、多项选择参考答案

【5-61】①②③④⑤	【5-62】①②③④⑤	【5-63】①②③④⑤
【5-64】①③④⑤	【5-65】②③④⑤	【5-66】②④⑤
【5-67】①②⑤	【5-68】③④⑤	【5-69】②③
【5-70】①⑤	【5-71】①②③④⑤	【5-72】①④
【5-73】①②⑤	【5-74】③④⑤	【5-75】①③⑤
【5-76】①②③④	【5-77】①②③⑤	【5-78】①③④⑤
【5-79】③④⑤	【5-80】①③④⑤	【5-81】①②③④⑤
【5-82】④⑤	【5-83】①④	【5-84】①③
【5-85】①④	【5-86】①④	【5-87】①②③
【5-88】②③④	【5-89】①③④⑤	【5-90】①②④
【5-91】①②⑤	【5-92】③④⑤	【5-93】①⑤
【5-94】②③⑤	【5-95】②③⑤	【5-96】①②③④⑤
【5-97】①②③④⑤	【5-98】①③⑤	【5-99】①②④
【5-100】①②③	【5-101】④⑤	【5-102】①②③⑤
【5-103】②③④	【5-104】②③④	【5-105】③④
【5-106】②④	【5-107】③④⑤	【5-108】③④
【5-109】②③④	【5-110】③④⑤	

三、判断正误答参考案

【5-111】正确	【5-112】错误	【5-113】错误	【5-114】正确

【5-115】正确　【5-116】正确　【5-117】正确　【5-118】错误
【5-119】正确　【5-120】正确　【5-121】错误　【5-122】错误
【5-123】正确　【5-124】错误　【5-125】正确　【5-126】正确
【5-127】正确　【5-128】错误　【5-129】正确　【5-130】错误
【5-131】正确　【5-132】正确　【5-133】正确　【5-134】正确
【5-135】正确　【5-136】正确　【5-137】正确　【5-138】正确
【5-139】正确　【5-140】正确　【5-141】错误　【5-142】正确
【5-143】正确　【5-144】正确　【5-145】错误　【5-146】正确
【5-147】错误　【5-148】正确　【5-149】正确　【5-150】错误
【5-151】错误　【5-152】错误　【5-153】错误　【5-154】正确
【5-155】错误　【5-156】错误　【5-157】错误　【5-158】正确
【5-159】正确　【5-160】错误　【5-161】正确　【5-162】正确
【5-163】正确　【5-164】错误　【5-165】正确　【5-166】正确
【5-167】正确　【5-168】正确　【5-169】正确　【5-170】正确
【5-171】错误　【5-172】正确　【5-173】错误　【5-174】正确
【5-175】错误　【5-176】正确　【5-177】正确　【5-178】错误
【5-179】错误　【5-180】错误

四、填空参考答案

【5-181】水准面，平均海水面
【5-182】大地水准面，铅垂距离
【5-183】小，大
【5-184】117°
【5-185】20，117°
【5-186】铅垂线，赤道
【5-187】水平角（方向），距离
【5-188】从整体到局部，先控制后碎部
【5-189】黄海，青岛水准原点
【5-190】转点
【5-191】高，－0.304
【5-192】低，＋0.213
【5-193】后视读数，前视读数
【5-194】实测高差总和值
【5-195】与测站数（或距离）成正比例反符号分配
【5-196】望远镜，水准器
【5-197】标成像的平面和十字丝平面不重合
【5-198】水平视线
【5-199】视准误差、照准部偏心差、和竖盘指标差
【5-200】30′，1°
【5-201】$90°-L$，$R-270°$

【5-202】$L-90°$，$270°-R$
【5-203】地面上一点与两目标的方向线在水平面上的投影线间所夹的角
【5-204】竖直面内视线与水平线间的夹角
【5-205】60°或略大于60°处
【5-206】$L-(R\pm180°)$
【5-207】水平
【5-208】85.32，1/4266
【5-209】147°18′00″
【5-210】左手大拇指
【5-211】标准方向
【5-212】245°
【5-213】顺，方位角
【5-214】长（短），小（大）
【5-215】多（少），大（小）
【5-216】函数中误差
【5-217】相对性，权
【5-218】$m=\pm\sqrt{\frac{[\Delta\Delta]}{n}}$
【5-219】中误差的绝对值，相应观测值
【5-220】绝对误差
【5-221】一、二、三、四，四
【5-222】平面控制网，高程控制图
【5-223】低，高
【5-224】直接供地形图测绘使用的控制点
【5-225】重，轻
【5-226】轻，重
【5-227】坐标，方位角
【5-228】图形，基线
【5-229】闭合导线，附合导线
【5-230】某点坐标、边长和坐标方位角，待定点坐标
【5-231】两点的坐标，方位角和边长
【5-232】+1.2435
【5-233】导线点
【5-234】1980年国家大地坐标系原点
【5-235】-1mm
【5-236】+1mm
【5-237】小，大
【5-238】高程相等，闭合
【5-239】比例尺精度

【5-240】0.1mm 所表示的实地水平长度

【5-241】详细，简略

【5-242】视距丝，几何光学

【5-243】$D=kn\cos^2\alpha$

【5-244】设计的水平距离，已知水平角和高程

【5-245】直角坐标法，极坐标法，角度交会法，距离交会法

【5-246】水平视线，大地水准面

【5-247】4°35′，9°10′

【5-248】弦长，偏角

【5-249】基本网，定线网

【5-250】转折角，曲率半径，切线长，曲线长，外矢距

五、简答参考答案

【5-251】

任务包括测定、测设和变形观测。测定是指使用测量仪器和工具，把地球表面的地形缩绘成地形图；测设是指把图纸上规划设计好的建筑物的位置在地面上标定出来，为施工提供依据。变形观测就是利用专用仪器和方法对建（构筑物）的变形现象进行持续观测，并对其变形形态进行分析且对发展态势进行预测的工作。

测量学是研究地球的形状和大小以及确定地面点位的科学，分支学科有大地测量学，普通测量学，摄影测量学，工程测量学，海洋测量学和地图制图学。

【5-252】

地面点到大地水准面的铅垂距离称为该点的绝对高程，地面点到任一水准面的铅垂距离称为该点的相对高程。

【5-253】

一个原则是"从整体到局部""先控制后碎部"。它可以减少误差累积，保证测图和放样的精度，而且可以分幅测绘，加快测图速度。另一个原则是"前一步测量工作未做检核不进行下步测量工作"，它可以防止错漏发生，保证测量成果的正确性。

【5-254】

水准测量是利用仪器提供的水平视线，并借助水准尺来测定地面上两点间的高差，然后推算高程的一种方法。计算高程的方法有两种，一种是由高差计算高程，一种是由视线高程计算高程。

【5-255】

水准仪主要由望远镜、水准器和基座三部分组成。望远镜是用来瞄准远方目标的，水准器有管水准器和圆水准器两种，管水准器是用来指示视准轴是否水平，水准器用来指示竖轴是否竖直。基座用来支承仪器的上部并与三脚架连接。

【5-256】

粗略整平、瞄准水准尺并消除视差，精平、读数。

【5-257】

①高差闭合差的计算；②闭合差的调整；③计算高差；④推算高程。

【5-258】

①圆水准轴平行于仪器竖轴的检验校正；

②十字丝横丝应垂直于仪器竖轴的检验校正；

③水准管轴平行于视准轴的检验校正。

【5-259】

地面上两条方向线在水平面上投影的夹角称为水平角。观测水平角的仪器必须具备下列三个主要条件：

①仪器必须安置在所测角度的角顶点上，其中心必须位于角顶点的铅垂线上；

②必须有能安置成水平位置的刻度圆盘，用来测读角值；

③必须有能在竖直和水平方向转动的瞄准设备及指示读数的设备。

【5-260】

经纬仪由基座，水平度盘和照准部三部分组成。基座是用来支承整个仪器，并借助中心螺旋使经纬仪与脚架结合，水平度盘是玻璃制成的圆环，在其上刻有分划，0°～360°顺时针方向注记，用来测量水平角，照准部的望远镜用来瞄准目标，照准部上的管状水准器用来整平仪器。

【5-261】

第一步，首先目估或悬挂垂球大致对中；然后用脚螺旋对中。

第二步，伸缩仪器架腿大致整平，用脚螺旋整平。

第三步，打开中心连接螺旋，在架头上平移仪器精确对中（旋转光学对中器的目镜使刻划圈清晰，再推进或拉出对中器的目镜管使地面点标志成像清晰；然后，在架头上平移仪器，直到地面标志中心与对中器刻划圈中心重合，最后旋紧连接螺旋），用脚螺旋精确整平。

第四步，重复第三步，直到精确对中和整平。

【5-262】

经纬仪测回法观测水平角的步骤：

①将经纬仪安置在角顶点上，对中整平；

②盘左位置瞄准左方目标，读取水平度盘读数，松开水平制动螺旋，顺时针转动照准右方目标，读取水平度盘读数。这称为上半测回，上半测回水平角值 β_L 等于右方目标读数减去左方目标读数；

③松开望远镜制动，纵转望远镜成盘右位置，先瞄准右方目标，读取水平度盘，然后再逆时针转照准部，瞄准左方目标读数，称为下半测回，下半测回水平角值 β_R 等于右方目标读数减去左方目标读数；

④上、下半测回合称一测回，一测回角值 $\beta=(\beta_R+\beta_L)/2$ 如果精度要求高时需测几个测回，为了减少度盘分划误差影响，各测回间应根据测回数按 $180/n$ 配置度盘位置。

【5-263】

①半测回归零差②一测回内的两倍用准误差的变动范围。

③各测回同一方向归零值互差。

【5-264】

竖直角是同一竖直面内倾斜视线与水平线间的夹角，竖直角与水平角一样，其角值是度盘上两个方向读数之差，不同的是竖直角的两个方向中有一个是水平方向。

计算公式：

①确定始读数：盘左位置，将望远镜大致水平，此时与竖盘读数最接近的 90 的整数倍，即为始读数；

②将望远镜上仰，若读数增大，则盘左竖直角等于目标读数减去始读数，$\alpha=L-90°$，若读数减小，则盘左竖直角等于始读数减去目标读数，即 $\alpha=90°-L$

③当盘左 $\alpha_L=L-90°$则盘右 $\alpha_R=270°-R$

当盘左 $\alpha_L=90°-L$ 则盘右 $\alpha_R=R-270°$

④一测回竖直角为 $\alpha=(\alpha_L+\alpha_R)/2$

【5-265】

竖盘指标与正确位置相差一个小角度 x，称为竖盘指标差。

竖盘指标差的计算公式为 $x=(R+L-360°)/2$ 或 $x=(\alpha_{右}-\alpha_{左})/2$

(R 为盘右读数 L 为盘左读数)

【5-266】

主要轴线有：照准部水准管轴 LL，仪器的竖轴 VV，视准轴 CC，横轴 HH。它们应满足的几何条件为：$LL\perp LVV$　$CC\perp HH$　$HH\perp VV$。

【5-267】

经纬仪检校内容有：

①照准部水准管轴应垂直于仪器竖轴的检验和校正；

②十字丝竖丝应垂直于仪器横轴的检验和校正；

③视准轴应垂直于横轴的检验和校正；

④横轴与竖轴垂直的检验和校正；

⑤竖盘指标差的检验和校正。

【5-268】

直线定向的标准方向有：

①真子午线方向，真方位角；

②磁子午线方向，磁方位角；

③坐标纵轴方向，坐标方位角；

方位角的定义为从标准方向的北端开始，顺时针转到某一直线的水平角称为该直线的方位角。

【5-269】

罗盘仪是测定直线磁方位角的一种仪器，罗盘仪主要由以下几部分组成：①磁针；②刻度盘；③瞄准设备（望远镜）。

【5-270】

略。

【5-271】

测距时，当望远镜的十字丝瞄准棱镜的标志后，仪器测距时光电信号返回，但此时信号不一定达到最大值，我们就要反复仔细调节水平垂直微动螺旋，使返回信号达到最大值，只有在这时，测距头才正确瞄准了棱镜中心，按测距键时测得的结果才准确；如果不进行精确对准，一有返回信号，不管信号是否达到最大就测距，测出来的距离误差就大，特别是在短距离作业时更是如此。

【5-272】

全站仪（测距仪）传统上采用的是红外光进行相位法测距，这种测量方式必须要求在待测点处设置带全反射功能的棱镜，这样仪器才能获得足够的反射信号进行计算，得出距离。无棱镜测距采用的测距信号是激光测量较近的目标时，无须在目标点设置全反射的棱镜，经过物体的漫反射回全站仪的信号，已经足够强到仪器可以识别，并通过计算得出所测目标点的距离。

【5-273】

2+2ppm 是人们通常对 2mm+2ppm×D（km）的缩写，它反映的是全站仪或者测距仪的标称测距精度。其中 2mm 代表仪器的固定误差，主要是由仪器加常数的测定误差、对中误差、测相误差造成的，固定误差与测量的距离没有关系。即不管测量的实际距离多远，全站仪都将存在不大于该值的固定误差。2ppm×D（km）代表比例误差，其中的 2 是比例误差系数，它主要由仪器频率误差、大气折射率误差引起。ppm 是百万分之（几）的意思，D 是全站仪或者测距仪实际测量的距离值，单位是公里。随着实际测量距的变化，仪器的这比例误差部分也就按比例的变化。例如，当距离为 1km 的时候，比例误差为 2mm。

【5-274】

①GPS 网的布设应视其目的。作业时卫星的状况，预期达到的精度，成果的可靠性工作效率，按照优化设计的原则进行布设；

②GPS 网的布设一般应通过独立观测边构成闭合图形。例如一个或几个观测环，或者符合路线形式，以增加检核条件，提高网的可靠性；

③GPS 网内点与点之间虽然不要求通视。但应该有利于用常规方法进行加密控制时应用；

④可能的条件下，新布设的 GPS 网应尽可能地与附近已有的 GPS 点进行联测，新布的 GPS 网点尽量与地面原有控制网点相连接，连接处的重合点数不应少于三个，且分布均匀，一边可靠的确定 GPS 网与原有网之间的转换参数；

⑤GPS 网点应利用已有水准点连测高程。

【5-275】

坐标正算是指已知 A 点坐标 x_A、y_A，A 点和 B 点之间的距离 D 和方位角 α_{AB}，求 B 点的坐标 x_B、y_B。坐标反算是指已知直线 AB 两点的坐标 x_A、y_A 和 x_B、y_B，反过来计算直线的方位角 α_{AB} 和两点间的距离 D_{AB}。

【5-276】

$$\alpha_{前}=\alpha_{后}+180°\pm\beta$$

式中　$\alpha_{前}$ 是前一条边的方位角；

$\alpha_{后}$ 是后一边的方位角；

β 是前后两条边的夹角，当 β 为左角时取正号，β 为右角时取负号。

【5-277】

等精度观测是指观测条件（仪器、人、外界条件）相同的各次观测。非等精度观测是指观测条件不同的各次观测。权是非等精度观测时衡量观测结果可靠程度的相对数值，权越大，观测结果越可靠。

【5-278】

偶然误差的特性有：

①在一定条件下，偶然误差的绝对值不会超过一定的界限（有限性）

②绝对值较小的误差比绝对值较大的误差出现的机会多（单峰性）

③绝对值相等的正误差与负误差出现的机会相等（对称性）

④偶然误差的平均值，随着观测次数的无限增加而趋近于零（抵偿性）

【5-279】

白塞尔公式 $m=\pm\sqrt{\frac{[vv]}{n-1}}$

式中 m——观测值中的中误差；

v——似真误差（改正数）；

n——等精度观测次数。

【5-280】

①闭合导线：自某一已知点出发经过若干连续的折线仍回到原点，形成一个闭合多边形，闭合导线适用于块状割区。

②附合导线：自某一高级的控制点出发，附合到另一个高级控制点上的导线，附合导线适用于带状测区。

③支导线：仅是一端连接在高级控制点上的伸展导线，支导线不能校核，故只允许引测2～3点。它适用于加密控制测量。

【5-281】

选点非常重要，应注意争取：①图形良好；②通视良好；③控制良好；④便于测角、量边；⑤便于保存；⑥便于扩展。

【5-282】

内容有：①选点及建立标志；②量边；③测角；④连测（导线边定向或测连接角）。

【5-283】

观测数据有：

后视尺黑面：下丝、上丝、中丝

前视尺黑面：下丝、上丝、中丝

前视尺红面：中丝

前视尺红面：中丝

技术要求有：

①视距小于100m；

②前后视距差小于5m；

③视距累积差小于10m；

④黑红面读数差小于3mm；

⑤黑红面高差之差小于5mm。

【5-284】

沿水准路线按一定距离埋设的固定标石称为水准点，传递高程的点称为转点。

【5-285】

等高线的特性有：

①同一条等高线上各点的高程相等；

②等高线是闭合曲线，如不在本图幅内闭合，则必在图外闭合；

③除在悬崖或绝壁处外，等高线在图上不能相交或重合；

④等高线的平距小，表示坡度陡，平距大，表示坡度缓；

⑤等高线与山脊线、山谷线成正交。

【5-286】

不同之处：角度闭合差和增量闭合差计算公式不同；

附合导线角度闭合差：$f_\beta=\alpha'_{终}-\alpha_{终}$，$\alpha'_{终}=\alpha_{始}+n*180°—\sum\beta_{测}$

闭合导线角度闭合差：$f_\beta=\sum\beta_{测}-\sum\beta_{测}$，$\sum\beta_{测}=(n-2)\cdot180°$

附合导线增量闭合表：$f_x=\sum\Delta x_{测}-(x_{终}-x_{始})$

$f_y=\sum\Delta y_{测}-(y_{终}-y_{始})$

闭合导线增量闭合差：$f_x=\sum\Delta x_{测}$

$f_y=\sum\Delta y_{测}$

【5-287】

①切线长：$T=R\tan\frac{\alpha}{2}$

②曲线长：$L=R\alpha\pi/180°$；

③外矢距 $E=R\left(\sec\frac{\alpha}{2}-1\right)$

④圆曲线弦长：$S=2R\sin\frac{\varphi}{2}$

【5-288】

（1）测设圆曲线的三主点，要知道下面五个元素：

①转折角；②圆曲线半径 R；③切线长 T；④曲线长 L；⑤外矢距 E。

（2）转折角是实地测得的，半径 R 是根据地形和工程需要选定的，其他三个元素是计算得到的。$T=R\tan\frac{\alpha}{2}$ $T=R\alpha\pi/180°$ $E=R\left(\sec\frac{\alpha}{2}-1\right)$

三主点的测设步骤：

①将经纬仪置于转折点 P，沿两个转折方向各测设距离 T（切线长）就可以定出曲线起点 B 和终点 E 的位置；

②再将经纬仪瞄准 B 点为零方向，将照准部转动 $(180°-\alpha)/2$ 的角度，得出外矢距的方向，在此方向上量取外矢距 E 的长度，就得到曲线中点 M 的位置。

【5-289】

偏角法的原理与极坐标法相似，曲线上点的位置，是由切线与弦线的夹角（称为偏角）和规定的弦长测定的，设 l 为曲线上相邻两点的弧长，其所对的弦长为 s，则弦线与切线的夹角及弦长为：

$$\varphi=\frac{L}{R}\cdot\frac{180°}{\pi}\quad S=2R\sin\frac{\varphi}{2}$$

【5-290】

施工测量也要遵循从整体到局部，先控制后碎部的原则，即先在施工现场建立的平面控制网和高程控制网，然后以此为基础，测设出各个建筑物和构筑物位置。施工测量的检核工作也很重要，必须采用各种不同的方法加强外业和内业检核工作。

六、计算参考答案

【5-291】

39°40′42″；±9.487″；±4.243″

【5-292】

$\alpha_{23}=80°$，$\alpha_{34}=195°$，$\alpha_{45}=247°$，$\alpha_{51}=305°$，$\alpha_{12}=30°=\alpha_{12}$（已知）

【5-293】

$\alpha_{BC}=136°52'$

【5-294】

$\alpha_{CD}=187°46'28''$，$D_{CD}=322.97$（m）

【5-295】

$x_B=2299.776$，$y_B=1303.840$

【5-296】

改正数：−10，−3，−3，−3，−4，

改正后高差：+0.738　−0.435　+0.540　−0.248　−1.480

高程：46.953　46.518　47.058　46.810

计算结果见附表 A-1。

附表 A-1　　**习题［5-296］附表**

点号	测站数	测得高差（m）	改正数（mm）	改正后高差（m）	高程（m）
BM_6					46.215
	10	+0.748	−10	+0.738	
1					46.953
	3	−0.432	−3	−0.435	
2					46.518
	3	+0.543	−3	+0.540	
3					47.058
	3	−0.245	−3	−0.248	
4					46.810
	4	−1.476	−4	−1.480	
BM_{10}					45.330
Σ	23	−0.862	−23	−0.885	$BM_{10}-BM_6=-0.885$

【5-297】

$H_A=140.001$m

【5-298】

结果见附表 A-2。

附表 A-2　　**习题［5-298］附表**

结点 I 的高程	权	V	PV	VV	PVV
28.645	0.2	−25	−5	625	125
28.670	0.25	0	0	0	0
28.680	0.5	+10	+5	100	50
$H_I=28.670$			$[PV]=0$		$[PVV]=175$

$\mu=\pm\sqrt{[PVV]/(n-1)}=\pm\sqrt{175/(3-1)}=\pm9.4$（mm）

$M_0=\pm\sqrt{[PVV]/[P](n-1)}=\pm9.6$（mm）

【5-299】

a_2应为 1.670，不平行

【5-300】$\angle AOB=37°42'04''$　　$\angle BOC=72°44'47''$

$\angle COD=39°45'42''$　　$\angle DOA=209°47'27''$

结果见附表 A-3。

附表 A-3　　　　**习题［5-300］附表**

测站	测回数	目标	水平度盘读数（°　′　″）		2C	$\frac{L+R\pm180}{2}$	归零后的方向值	角值
			盘右 L	盘左 R				
0	1	A	0 02 12	180 02 00	+12	0 02 10	0 00 00	
								37 42 04
		B	37 44 23	217 44 04	+19	37 44 14	37 42 04	
								72 44 47
		C	110 29 02	290 29 00	+2	110 29 01	110 26 51	
								39 45 22
		D	150 14 47	330 14 39	+8	150 14 43	150 12 33	
								209 47 27
		A	0 02 19	180 02 08	+11	0 02 14		

【5-301】$1\times\sqrt{n}=\pm5$（mm），$n=25$ 最多可设 25 站

【5-302】$m_{\bar{x}}=\pm m/\sqrt{n}$　　$m_{\bar{x}}=\pm1$

【5-303】B 点点位中误差 $m=\pm\sqrt{m_D^2+\left(D\frac{m_d}{\rho''}\right)^2}=\pm6$（mm）

【5-304】$n=9$，需测 9 个测回

【5-305】$m_\omega=\pm10.4''$

【5-306】$m_1=\pm5\sqrt{15}$，$m_K=\pm5\sqrt{15K}$

【5-307】

$$m_h=\pm\sqrt{\tan^2 m_D^2+(D\tan^2\alpha)^2\left(\frac{m''_\alpha}{\rho''}\right)^2}=\pm0.03\text{（m）}$$

$h=119.08\pm0.03$（m）

【5-308】$P_1=4$，$P_2=6$，$P_3=8$，或 $P_1=1$，$P_2=1.5$，$P_3=2$

$\beta_{平}=(P_1\beta_1+P_2\beta_2+P_3\beta_3)/(P_1+P_2+P_3)=24°13'29''$

$\beta=24°13'29''\pm3.3''$

【5-309】$m=+25.1''$，$m_{\bar{x}}=\pm11.2''$，计算结果 $85°42'06''\pm11.2''$，结果见附表 A-4。

附表 A-4　　　　**习题［5-309］附表**

观测次序	观测值 L_i	V	VV	计算
1	85°42′30″	−24″	576	$m=\pm\sqrt{\frac{[VV]}{n-1}}=\pm\sqrt{\frac{2520}{5-1}}=\pm25''1$
2	85°42′00″	+6″	36	
3	85°42′00″	+6″	36	$m_{\bar{x}}=\pm\frac{m}{\sqrt{n}}=\pm\frac{25.1}{\sqrt{5}}=\pm11.2''$
4	85°41′30″	+36″	1296	
5	85°42′30″	−24″	576	
	$\bar{X}=85°42'06''$	[V]＝0	[VV]＝2520	

【5-310】

$X=75°43'54''+(6\times0''+5\times8''+4\times5'')/(6+5+4)=75°43'58''$

$$M=\pm\sqrt{\frac{[PVV]}{[P](n-1)}}=\pm2.5''$$

结果见附表 A-5。

附表 A-5 习题［5-310］附表

次序	观测值	测回数	权 P	V	PV	PVV
1	75°43′54″	6	6	+4	+24	96
2	75°44′02″	5	5	−4	−20	80
3	75°43′59″	4	4	−1	−4	4
	$\overline{X}$=75°43′58″		［P］=15		［PVV］=180	

【5-311】

$\angle C=180°-\angle A-\angle B$，$m_C=\pm5''$

【5-312】

$m_\beta=\pm\sqrt{2}\times6''=\pm8.5''$

【5-313】

结果见附表 A-6。

附表 A-6 习题［5-313］附表

点号	距离	坐标增量		改正后坐标增量		坐标	
		$\Delta x'$	$\Delta y'$	Δx	Δy	x	y
A						500.00	500.00
	297.26	−74.40	+287.80	−74.47	−287.86		
1						425.53	787.86
	187.81	+57.31	+178.85	+57.26	+178.89		
2						482.79	966.75
	93.40	−27.40	+89.29	−27.42	+89.31		
B						455.37	1056.06
总和	548.47	−44.49	555.94	−44.63	556.06		

$f_x=+0.14$　　$f_y=-0.12$　　$f=0.184$　　$f=1/3137$

【5-314】

改正数 18″

改正角：120°30′18″　212°15′48″　145°10′18″　170°18′48″

方位角：104°29′42″　72°13′54″　107°03′36″

结果见附表 A-7。

附表 A-7 习题［5-314］附表

点号	观测角（右角）° ′ ″	改正数 ″	改正角 ° ′ ″	坐标方位角 ° ′ ″
A				
				45 00 00
B	120 30 00	+18	120 30 18	
				104 29 42
1	212 15 30	+18	212 15 48	
				72 13 54
2	145 10 00	+18	145 10 18	
				107 03 36
C	170 18 30	+18	170 18 48	
				116 44 48
D				
总和	648 14 40	+72	648 15 12	
计算	$f_\beta=-72''$			

【5-315】

$m_x=\pm 6.25$

【5-316】

$\alpha_{左}=90°-L=90°-94°24'30''=-4°24'30''$

$\alpha_{右}=R-270°=265'35''54°-270°=-4°24'06''$

$\alpha=\frac{1}{2}(\alpha_{左}+\alpha_{右})=-4°24'18''$

$x=\frac{1}{2}(\alpha_{右}-\alpha_{左})=+12''$

【5-317】

结果见附表 A-8。

附表 A-8　　**习题［5-317］附表**

点号	距离	增量计算		改正后的增量计算		坐标值	
		Δx（m）	Δy（m）	Δx（m）	Δy（m）	x	y
A						500.000	500.000
	105.22	−60.34（−3）	+86.20（+2）	−60.37	+86.22		
B						439.63	586.22
	80.12	+48.47（−2）	+63.87（+2）	+48.45	+63.89		
C						488.08	650.11
	129.34	+75.69（−3）	−104.88（+2）	+75.66	−104.86		
D						563.74	545.25
	78.16	−63.72（−2）	−45.26（+1）	−63.74	−45.25		
A						500.00	500.00
总和	392.90	+0.10	−0.07				
计算	$f_x=+0.10$　$f_D=0.122$ $f_y=-0.07$　$K=1/3220$　$K_{允}\leqslant 1/2000$						

【5-318】$H_B=418.352$　　$K_1=4.787$　　$K_2=4.687$

结果见附表 A-9。

附表 A-9　　**习题［5-318］附表**

测站编号	后尺 下丝 / 上丝	前尺 下丝 / 上丝	方向及尺号	标尺读数		K+黑减红	高差中数
	后距	前距		黑面	红面		
	视距差 d	Σd					
1	（1）1.839	（4）1.921	A 后 K_1	（3）1.543	（8）6.330	（10）0	
	（2）1.248	（5）1.302	TP_1 前 K_2	（6）1.612	（7）6.300	（9）−1	
	（15）59.1	（16）61.9	后−前	（11）−0.069	（12）+0.030	（13）+1	（14）−0.0695
	（17）−2.8	（18）−2.8					
2	1.693	1.278	TP_1 后 K_2	1.519	6.209	−3	
	1.349	0.915	B 前 K_1	1.098	5.886	−1	
	34.4	36.3	后−前	+0.421	+0.323	−2	+0.4220
	−1.9	−4.7					

【5-319】

T=41.30m　L=81.45m　E=4.22m

B点：0+339.59

E点：0+421.04

M点：0+380.32

【5-320】

（1）计算圆曲线元素与三主点桩号，结果见附表A-10。

附表A-10　　习题［5-320］附表1

切线长	16.137	曲线起点桩号	1+252.343
曲线长	31.998	曲线终点桩号	1+284.341
外矢距	1.294	曲线中点桩号	1+268.342

（2）计算偏角法测设细部点的桩号和偏角，结果见附表A-11。

附表A-11　　习题［5-320］附表2

桩点编号	细部点桩号	偏角	弦	弦长
起点桩号	1+252.343	0°00′00″	起点～1点	7.655
第1点的桩号	1+260.000	2°11′37″	1点～2点	9.996
第2点的桩号	1+270.000	5°03′30″	2点～3点	9.996
第3点的桩号	1+280.000	7°55′23″	3点～终点	4.340
终点桩号	1+284.341	9°10′00″		

附录B　第七章自测试卷参考答案

自测试卷一　参考答案

一、单选题

1.②　　2.③　　3.②　4.③　　5.④

评分标准：每题2分，共10分

二、多选题

1.②③④⑤　　2.②③　　3.①④　　4.①②③④⑤　　5.①②④

评分标准；正确答案选全，每题各得2分，共10分。

三、判断题

1. 正确　　2. 错误　　3. 正确　　4. 错误　　5. 错误

6. 错误　　7. 错误　　8. 正确　　9. 正确　　10. 错误

评分标准：每题1分，共10分。

四、填空题

1. 相对高程

2. 高程、距离、角度

3. 高，－0.304

4.0.5，1

5.$\alpha_L = L - 90°$，$\alpha_R = 270° - R$

6. 尺长，温度

7. 相对性，权

8. 图根

9. 坐标，高程

10.4°35′，9°10′

评分标准：每题1分，共10分。

五、简答题

1. 第一步，首先目估或悬挂垂球大致对中；然后用脚螺旋对中；

第二步，伸缩仪器架腿大致整平，用脚螺旋整平；

第三步，打开中心连接螺旋，在架头上平移，仪器精确对中（旋转光学对中器的目镜使刻划圈清晰，再推进或拉出对中器的目镜管使地面点标志成像清晰；然后在架头上平移仪器，直到地面标志中心与对中器刻划中心重合，最后旋紧连接螺旋）用脚螺旋精确整平。

第四步，重复第三步，直到精确对中和整平。

评分标准：每步得1分，共4分

2.①同一条等高线上各点的高程相等；

②等高线是闭合曲线，如不在本图幅内闭合，则必在图外闭合；

③除在悬崖或绝壁处外，等高线在图上不能相交或重合；

④等高线的平距小，表示坡度越陡，平距大表示坡度缓；

⑤等高线与山脊线、山谷线成正交。

评分标准：每项回答得 0.6 分，共 4 分

3. ①在一定条件下，偶然误差的绝对值不会超过一定的界限（有限性）；

②绝对值较小的误差比绝对值较大的误差出现的机会多（单峰性）；

③绝对值相等的正误差与负误差出现的机会相等（对称性）；

④偶然误差的平均值，随着观测次数的无限增加而趋近于零（抵偿性）。

评分标准：每项回答得 1 分，共 4 分

4. ①视距小于 100m；

②前后视距差绝对值小于 5m；

③视距累积差绝对值小于 10m；

④黑红面读数差绝对值小于 3mm；

⑤黑红面高差之差绝对值小于 5mm。

评分标准：每项回答得 0.8 分，共 4 分

5. 水平距离：$D=kn\cos^2\alpha$

初算高差：$h'=kn\sin2\alpha$

式中 k——视距乘常数，$k=100$

n——视距间隔

n——竖直角

评分标准：两公式各得 1 分，符号含义各得 0.5 分，共 4 分

六、计算题

1. $\alpha_{13}=139°14'27''$　　$\alpha_{23}=170°08'05''$

$\alpha_{24}=65°05'57''$　　$\alpha_{34}=24°13'29''$

附表 B-1　　**计算题 1 附表**

计算次序	已知点 1	1	2	2	3
	待求点 2	3		4	
①	α_0	30°00′00″	210°00′00″	170°08′05″	350°08′05″
②	β_i	109°14′27″	39°51′55″	105°02′08″	34°05′24″
③	α_{12}	139°14′27″	170°08′05″	65°05′57″	24°13′29″

评分标准：α_0 得 2 分，β 得 2 分，α_{13}，α_{23}，α_{24}，α_{34} 各 1 分，共 8 分

2. 见附表 B-2。

附表 B-2　　**计算题 2 附表**

测回数	目标	水平度盘读数 盘左 L	盘右 R	$2C$	$\frac{1}{2}(L+R\pm180°)$	归零值	归零后方向值	角值
		° ′ ″	° ′ ″	(″)	(° ′ ″)	(° ′ ″)	(° ′ ″)	(° ′ ″)
1	A	0 02 12	180 02 00	+12	0 02 06	0 02 10	0 00 00	
	B	37 44 23	217 44 04	+19	37 44 14		37 42 04	37 44 04
	C	110 29 02	290 29 00	+02	110 29 01		110 26 51	72 42 47
	D	150 14 47	330 14 39	+08	150 14 43		150 12 33	39 45 42
	A	0 02 19	180 02 08	+11	0 02 14			209 47 27

评分标准：测回数和目标编号填写 1 分，水平度盘读数记录盘左盘右各 1 分
2C 计算 1 分，盘左盘右读数均值计算 1 分
归零值 1 分，归零后方向值 1 分
角值计算 1 分，共 8 分

3. $\angle C=180°-\angle A-\angle B$

$m_c=\pm 5''$

评分标准：列函数式得 4 分，求 m_C 得 4 分，共 8 分

4. $f_\beta=-24''$　$\alpha_{12}=91°31'22''$　$\alpha_{23}=94°36'01''$　$\alpha_{61}=156°24'12''$

评分标准：f_β、α_{12}、α_{23}、α_{61}各得 2 分

5. $\alpha_{AP}=135°00'$　　$\beta=75°00'$　　$d=21.52$ (m)

评分标准；α_{AP}，d 各 3 分，β 得 2 分，共 8 分

自测试卷二　参考答案

一、单选题

1. ④　2. ②　3. ④　4. ②　5. ③

评分标准：每题 2 分，共 10 分

二、多选题

1. ①②④　2. ①②⑤　3. ①②③④⑤　4. ②③⑤　5. ②③⑤

评分标准：各题中正确答案选全得 2 分，共 10 分

三、判断题

1. 错误　2. 正确　3. 错误　4. 正确　5. 错误

6. 错误　7. 错误　8. 正确　9. 正确　10. 正确

评分标准：每题 1 分，共 10 分

四、填空题

1. +0.0775

2. 147°18′00″

3. 转点

4. $m=\pm\sqrt{\frac{[\Delta\Delta]}{n}}$

5. 闭合，附合

6. 黄海

7. 小，大

8. 粗略，低

9. 函数中误差

10. 150.000，$\frac{1}{3000}$

评分标准：每题 1 分（每题中两空各 0.5 分），共 10 分

五、简答题

1. 水准轴垂直于竖轴（照准部水准管检核）

十字丝竖丝垂直于横轴

视准轴垂直横轴

横轴垂直竖轴

竖盘指标差（竖盘水准管检校）

评分标准：第 2、4 项得 0.5 分，其余 3 项得 1 分，共 4 分

2. 直角坐标法

极坐标法

角度交会法

距离交会法

评分标准：每项各得 1 分，共 4 分

3. 从标准方向的北端开始，顺时针旋转到某直线的夹角。

评分标准：完全正确得 4 分，否则不得分

4. 过失误差：是粗枝大叶造成的观测误差，也称粗差，通过认真操作加强检核是可以消除的。

系统误差：在相同的观测条件下作一系列的观测，如果误差在大小、方向、符号上表现出系统性并按一定的规律变化或常数，这种误差称为系统误差。

偶然误差：在相同的观测条件下作一系列的观测，如果误差表现出偶然性，单个误差的数值、大小和负号变化无规律性，事先不能预知，产生的原因不明显，这种误差称为偶然误差。

评分标准：过失误差得 1 分，系统误差，偶然误差各得 1.5 分，共 4 分

5. ①外业成果的整理和检查，包括绘制计算略图；

②角度闭合差的计算与调整；

③基线闭合差的计算与调整；

④三角形边长的计算；

⑤三角点坐标的计算。

评分标准：每项回答各项 0.8 分，共 4 分

六、计算题

1. $c=2\pi R=2\times 31.3\pi=196.66$（mm）

$m_c=\pm 2\pi\times 0.3=\pm 1.9$（mm）

$c=196.66\pm 1.9$（mm）

$S=\pi R^2=3.14\times 31.3^2=3076.2$（$mm^2$）

$m_s=\pm 2\pi R\times 0.3=\pm 196.66\times 0.3=58.97\approx 59$（$mm^2$）

$S=3076.2\pm 59$（mm^2）

评分标准：mc，ms 各得 2 分．其余 4 项各 1 分，共 8 分

2. 改正数（mm）：−10，−3，−3，−3，−4，

改正后高差：+0.738　−0.435　+0.540　−0.248 −1.480

高程：46.953 46.518　47.058　46.810

附表 B-3

点号	测站数	测得高差	改正数	改正后高差	高程
BM_6					46.215
	10	+0.748	−10	+0.738	
1					46.953
	3	−0.432	−3	−0.435	
2					46.518
	3	+0.543	−3	+0.540	
3					47.058
	3	−0.245	−3	−0.248	
4					46.810
	4	−1.476	−4	−1.480	
BM_{10}					45.330
∑	23	−0.862	−23	−0.885	$BM_{10}-BM_6=-0.885$

评分标准：表中填写及计算得 2 分，改正数得 2 分，改正后高差得 2 分，高程得 2 分，共 8 分

3. $H_B=418.352$　　$K_1=4.787$　　$K_2=4.687$

附表 B-4

测站编号	后尺 下丝 / 上丝	前尺 下丝 / 上丝	方向及尺号	水准尺读数（m）		K＋黑减红	高差中数
	后距	前距		黑面	红面		
	视距差 d	Σd					
1	(1) 1.839	(4) 1.921	A 后 K_1	(3) 1.543	(8) 6.330	(10) 0	
	(2) 1.248	(5) 1.302	TP_1 前 K_2	(6) 1.612	(7) 6.300	(9) −1	
	(15) 59.1	(6) 61.9	后−前	(11) −0.069	(12) +0.030	(13) +1	(14) −0.0695
	(17) −2.8	(18) −2.8					
2	1.693	1.278	TP_1 后 K_2	1.519	6.209	−3	
	1.349	0.915	B 前 K_1	1.098	5.886	−1	
	34.4	36.3	后−前	+0.421	+0.323	−2	+0.4220
	−1.9	−4.7					

评分标准：表中竖向各栏各得 1 分，共 8 分

4. $\alpha_{左}=90°-L=90°-94°24'30''=-4°24'30''$

$\alpha_{右}=R-270°=265°35'54''-270°=-4°24'06''$

$\alpha=\frac{1}{2}(\alpha_{左}+\alpha_{右})=-4°24'18''$

$x=\frac{1}{2}(\alpha_{右}-\alpha_{左})=+12''$

评分标准：$\alpha_{左}$、$\alpha_{右}$、α、x 各得 2 分，共 8 分

5.（1）计算圆曲线元素与三主点桩号

附表 B-5

切线长	16.137	曲线起点桩号	1+252.343
曲线长	31.998	曲线终点桩号	1+284.341
外矢距	1.294	曲线中点桩号	1+268.342

（2）计算偏角法测设细部点的桩号和偏角

附表 B-6

桩点编号	细部点桩号	偏角	弦	弦长（m）
起点桩号	1+252.343	0°00′00″	起点～1点	7.655
第1点的桩号	1+260.000	2°11′37″	1点～2点	9.996
第2点的桩号	1+270.000	5°03′30″	2点～3点	9.996
第3点的桩号	1+280.000	7°55′23″	3点～终点	4.340
终点桩号	1+284.341	9°10′00″		

评分标准：三主点桩号和细部点桩号推算各1分，三主点元素，偏角和弦长计算各2分，共8分

自测试卷三　参考答案

一、单选题

1. ④　2. ④　3. ②　4. ②　5. ④

评分标准：每题2分，共10分

二、多选题

1. ①②③④⑤　2. ①⑤　3. ①③④⑤　4. ①②③④⑤　5. ①③④⑤

评分标准：每题2分，共10分

三、判断题

1. 正确　2. 正确　3. 正确　4. 错误　5. 正确

6. 错误　7. 错误　8. 正确　9. 错误　10. 正确

评分标准：每题1分，共10分

四、填空题

1. 从整体到局部，先控制后碎部

2. 高，−0.304

3. 与测站数（或距离）成正比例反符号分配

4. 尺长，温度，倾斜

5. $\pm m\sqrt{n}$

6. 闭合导线，附合导线

7. −0.02255

8. 长（短），小（大）

9. 两点的坐标，方位角和边长

10. 转折角，曲率半径，切线长，曲线长，外矢距

评分标准：每题1分（每题中两空各0.5分），共10分。

五、简答题

1. 可消除以下误差：

①水准管轴不平行于视准轴引起的误差；

②地球曲率引起的误差；

③大气折光引起的误差。

评分标准：第1项得2分，其余1分，共4分

2. （1）确定始读数。盘左位置，将望远镜大致水平，此时与竖盘读数最接近的90的整数倍，即为始读数；

（2）确定计算公式。将望远镜上仰，若读数增大，则盘左竖直角等于目标读数减去始读数，$\alpha=L-90°$，若读数减小，则盘左竖直角等于始读数减去目标读数，即 $\alpha=90°-L$

（3）当盘左 $\alpha_L=L-90°$则盘右 $\alpha_R=270°-R$

当盘左 $\alpha_L=90°-L$ 则盘右 $\alpha_R=R-270°$

（4）一测回竖直角为 $\alpha=(\alpha_L+\alpha_R)/2$

评分标准：盘左2分，盘右2分共4分

3. 从标准方向的北端开始，顺时针转到某一直线的水平角称为该直线的方位角。

评分标准4分

4. 任何测量工作都是由观测者使用某种仪器、工具，按照一定的操作方法，在一定的外界条件下进行的，由于人们感觉和视觉的限制，仪器、工具本身不尽完善以及外界条件的变化等因素，因此观测值包含有误差。

根据产生误差的原因和误差性质的不同，可分为过失误差、系统误差和偶然误差三大类。

评分标准 第一问1分，分类各1分，共4分

5. 水平距离：$D=kn\cos^2 a$

算高差：$h=\frac{1}{2}kn\sin 2\alpha$

式中　k——视距乘常数，$k=100$

n——视距间隔

a——竖直角

评分标准 距离2分，高差2分，共4分

六、计算题

1. $\alpha_{BC}=136°52'$

评分标准 共8分

2. $x_B=652.541$，$y_A=829.627$，答案如附图B-1所示。

评分标准 共8分

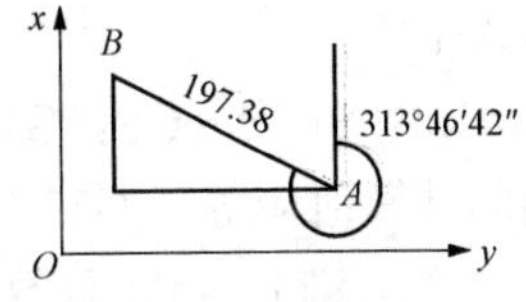

附图B-1　计算题2图

3. （1）计算圆曲线元素与三主点桩号。

附表 B-7

切线长	41.30	曲线起点桩号	0+339.59
曲线长	81.45	曲线终点桩号	0+421.04
外矢距	4.22	曲线中点桩号	0+380.32

（2）计算偏角法测设细部点的桩号和偏角。

附表 B-8

桩点编号	细部点桩号	偏角	弦	弦长（m）
起点桩号	0+339.50	0°00′00″	起点～1点	0.41
第1点的桩号	0+340.00	0°03′37″	1点～2点	19.99
第2点的桩号	0+360.00	2°55′24″	2点～3点	19.99
第3点的桩号	0+380.00	5°47′17″	3点～4点	19.99
第4点的桩号	0+400.00	8°39′10″	4点～5点	19.99
第5点的桩号	0+420.00	11°31′03″	5点～终点	1.04
终点桩号	0+421.04	11°39′03″		

评分标准：共8分

4. $X=75°43'54''+(6\times0''+5\times8''+4\times5'')/(6+5+4)=75°43'58''$

$$M=\pm\sqrt{\frac{[PVV]}{[P](n-1)}}=\pm2.5''$$

附表 B-9

次序	观测值	测回数	权 P	V	PV	PVV
1	75°43′54″	6	6	+4	+24	96
2	75°44′02″	5	5	−4	−20	80
3	75°43′59″	4	4	−1	−4	4
	$\overline{X}=75°43'58''$		$[P]=15$		$[PVV]=180$	

评分标准：共8分

5. 对照 Excel 界面4解答下列问题

（1）B8 单元格语句：B7+1；

B9 单元格语句：B8+1；

B10 单元格语句：B9+1。

导线点数字编号依次为3，4，5。

（2）SUM（F6：F10），是对F6、F7、F8、F9、F10单元格中角度值求和，将结果值存入F13。

（3）SUM（G6：G10），计算结果是闭合导线各内角经角度闭合差调整后的内角和，正确的计算值应等于G14单元格多边形内角和的理论值（$n-2$）×180°。

（4）N11、O11计算出1点的坐标值应等于1点的坐标已知值。

评分标准：每项2分，共8分

附录C　常用水准仪经纬仪的标称精度

1. 水准仪的标称精度

附表 C-1　水准仪按其精度等级划分

型号	DS_{05}	DS_1	DS_3
每公里往返测高差中数的中误差	±0.5mm	±1mm	±3mm

表中，DS分别表示“大地”和“水准仪”的汉字拼音第一个字母，其下标05、1、3等数字表示该仪器型号的精度。通常在书写时省略字母“D”。S_3水准仪称为普通水准仪，用于国家三、四等水准测量及一般工程水准测量，S_{05}及S_1型水准仪称为精密水准仪，用于国家一、二等水准测量、变形观测等其他精密水准测量。

2. 经纬仪的标称精度

附表 C-2　常见光学经纬仪精度等级划分

型号	DJ_{07}	DJ_1	DJ_2	DJ_6	010B	020B	T1	T2	T3
产地	中国	中国	中国	中国	德国	德国	瑞士	瑞士	瑞士
一测回方向观测中误差	±0.7″	±1″	±2″	±6″	±2″	±6″	±6″	±0.8″	±0.2″

表中，国产仪器DJ分别表示“大地测量”和“经纬仪”的汉字拼音第一个字母，其下标07、1、2、6等数字表示该仪器一测回方向观测中误差的秒数，通常在书写时省略字母“D”，J_{07}、J_1、J_2、010B、T2、T3型经纬仪称为精密经纬仪准仪，J_6、020B、T1等属于普通经纬仪。

附录 D 全站仪常用的分类和标称精度

1．全距仪按测距仪测程可以分为以下三类：

（1）短距离测距全站仪：测程小于 1km，一般精度为±（5mm＋5×$10^{-6}D$）一般用于普通测量和城市测量。

（2）中测程全站仪：测程为 3～15km，一般精度为±（5mm＋2×$10^{-6}D$），±（，2mm＋2×$10^{-6}D$）通常用于一般等级的控制测量。

（3）长测程全站仪：测程大于 15km，一般精度为±（5mm＋1×$10^{-6}D$）一般用于精密测量。

2．全站仪的等级

国家计量规程《全站型电子速测仪检定规程》（JJG 100—2003）将全站仪的准确度等级分化为四个等级。

附表 D-1

准确度等级	测角标准差 m_β（″）	测距标准差 m_D（mm）	备注
Ⅰ	$\vert m_\beta \vert \leqslant 1$	$\vert m_D \vert \leqslant 5$	Ⅰ、Ⅱ级仪器为精密全站仪，主要用于高等级控制测量及变形测量；Ⅲ、Ⅳ主要用于道路、建筑、数字测图数据采集等
Ⅱ	$1 < \vert m_\beta \vert \leqslant 2$	$\vert m_D \vert \leqslant 5$	
Ⅲ	$2 < \vert m_\beta \vert \leqslant 6$	$\vert m_D \vert \leqslant 10$	
Ⅳ	$6 < \vert m_\beta \vert \leqslant 10$	$\vert m_D \vert \leqslant 10$	

附录 E　测量常用计量单位

在测量工作中，常用的计量单位有长度、面积、体积和角度四种计量单位。

1. 长度单位

我国法定长度计量单位采用米（m）制单位。

1m（米）＝100cm（厘米）＝1000mm（毫米）

1km（千米或公里）＝1000m（公里为千米的俗称）

2. 面积单位

我国法定面积计量单位为平方米（m^2）、平方厘米（cm^2）、平方公里（km^2）。

$1m^2=10000cm^2$

$1km^2=1000000m^2$

3. 体积单位

我国法定体积计量单位为立方米（m^3）。

$1m^3=1000000cm^3$

$1cm^3=1000mm^3$

4. 角度单位

测量工作中常用的角度度量制有三种：弧度制、60 进制和 100 进制。其中弧度和 60 进制的度、分、秒为我国法定平面角计量单位。

（1）60 进制在计算器上常用“DEG”符号表示。

1 圆周＝360°（度）

1°＝60′（分）

1′＝60″（秒）

（2）100 进制在计算器上常用“GRAD”符号表示。

1 圆周＝400g（百分度）

1g＝100c（百分分）

1c＝100cc（百分秒）

1g＝0.9°　　1c＝0.54′　　1cc＝0.324″

1°＝1.11111g　　1′＝1.85185c　　1″＝3.08642cc

百分度现通称“冈”，记作“gon”，冈的千分之一为毫冈，记作“mgon”。例如0.058gon＝58mgon。

（3）弧度制在计算器上常用“RAD”符号表示。

1 圆周＝360°＝2πrad　　1°＝（π/180）rad

1′＝（π/10800）rad　　1″＝（π/648000）rad

（4）1 弧度所对应的度、分、秒角值 ρ 为：

$\rho°=180°/\pi\approx57.3°$

$\rho'=180\times60'/\pi\approx3438'$

$\rho''=180\times60\times60''/\pi\approx206265''$

附录F 常用地形图图式

附表 F-1

编号	符号名称	图例	编号	符号名称	图例
1	坚固房屋 4-房屋层数	坚4 1.5	11	灌木林	0.5 1.0
2	普通房屋 2-房屋层数	2 1.5	12	菜地	2.0 2.0 10.0 10.0
3	窑洞 1. 住人的 2. 不住人的 3. 地面下的	1 2.5 2 2.0 3	13	高压线	4.0
4	台阶	0.5 0.5 0.5	14	低压线	4.0
5	花圃	1.5 1.5 10.0 10.0	15	电杆	1.0
6	草地	1.5 0.8 10.0 10.0	16	电线架	
7	经济作物地	0.8 3.0 蔗 10.0 10.0	17	砖、石及混凝土土围墙	10.0 0.5 0.3 10.0
8	水生经济作物地	3.0 藕 0.5	18	土围墙	10.0 0.5
9	水稻田	0.2 2.0 10.0 10.0	19	栅栏、栏杆	1.0 10.0
10	旱地	1.0 2.0 10.0 10.0	20	篱笆	1.0 10.0

续表

编号	符号名称	图例	编号	符号名称	图例
21	活树篱笆	3.5 0.5 10.0 1.0 0.8	31	水塔	2.0 3.0 1.0 1.2
22	沟渠 1. 有堤岸的 2. 一般的 3. 有沟堑的	1 2 0.3 3	32	烟囱	3.5 1.0
			33	气象站（台）	3.0 4.0 1.2
			34	消火栓	1.5 1.5 2.0
23	公路	0.3 沥:砾 0.3	35	阀门	1.5 1.5 2.0
24	简易公路	8.0 2.0	36	水龙头	3.5 2.0 1.2
25	大车路	0.15 0.3 碎石	37	钻孔	3.0 1.0
26	小路	4.0 1.0 0.3	38	路灯	2.5 1.0
27	三角点 凤凰山－点名 394.468－高程	凤凰山/394.468 3.0	39	独立树 1. 阔叶 2. 针叶	1.5 1 3.0 0.7 2 3.0 0.7
28	图根点 1. 埋石的 2. 不埋石的	1 2.0 N16/84.46 2 1.5 D25/62.74 2.5	40	岗亭、岗楼	90° 3.0 1.5
29	水准点	2.0 Ⅱ京石5/32.804	41	等高线 1. 首曲线 2. 计曲线 3. 间曲线	0.15 87 1 0.3 85 2 0.15 6.0 1.0 3
30	旗杆	1.5 4.0 1.0 1.0	42	高程点及其注记	0.5•158.3　65.6

参　考　文　献

[1] 韩群柱．土木工程测量学［M］．北京：科学出版社，2012.
[2] 张慕良，叶泽荣．水利工程测量［M］.3版．北京：中国水利水电出版社，1994.
[3] 马斌，余梁蜀，韩群柱，屈漫利．工测量学实践指南［M］．西安：地图出版社，1999.
[4] 王景海、马斌，等．水利工程测量实验指导与习题［M］．北京：水利电力出版社，1994.
[5] 刘普海．水利水电工程测量［M］．北京：中国水利水电出版社，2005.
[6] 何宝喜．全站仪测量技术［M］.2版．郑州：黄河水利出版社，2005.
[7] 胡武生，潘庆林，黄腾．土木工程施工测量手册［M］．北京：人民交通出版社，2005.